Ben Stacy Jerrik (Hrsg.)

Berg-Anoa

Ben Stacy Jerrik (Hrsg.)

Berg-Anoa

Indonesien, Rinder, Wiederkäuer, Hornträger, Bovinae, Asiatische Büffel

Part Press

Imprint

All parts of this book are extracted from Wikipedia, the free encyclopedia (www.wikipedia.org).

You can get detailed informations about the authors of this collection of articles at the end of this book. The editors (Ed.) of this book are no authors. They have not modified or extended the original texts.

Pictures published in this book can be under different licences than the GNU Free Documentation License. You can get detailed informations about the authors and licences of pictures at the end of this book.

The content of this book was generated collaboratively by volunteers. Please be advised that nothing found here has necessarily been reviewed by people with the expertise required to provide you with complete, accurate or reliable information. Some information in this book maybe misleading or wrong. The Publisher does not guarantee the validity of the information found here. If you need specific advice (f.e. in fields of medical, legal, financial, or risk management questions) please contact a professional who is licensed or knowledgeable in that area.

Cover image: www.ingimage.com
Concerning the licence of the cover image please contact ingimage.

Publisher:
Part Press is a trademark of
International Book Market Service Ltd., 17 Rue Meldrum, Beau Bassin, 1713-01 Mauritius
Email: info@bookmarketservice.com
Website: www.bookmarketservice.com

Published in 2012

Printed in: U.S.A., U.K., Germany. This book was not produced in Mauritius.

ISBN: 978-613-8-60818-9

Contents

Articles

References

Berg-Anoa

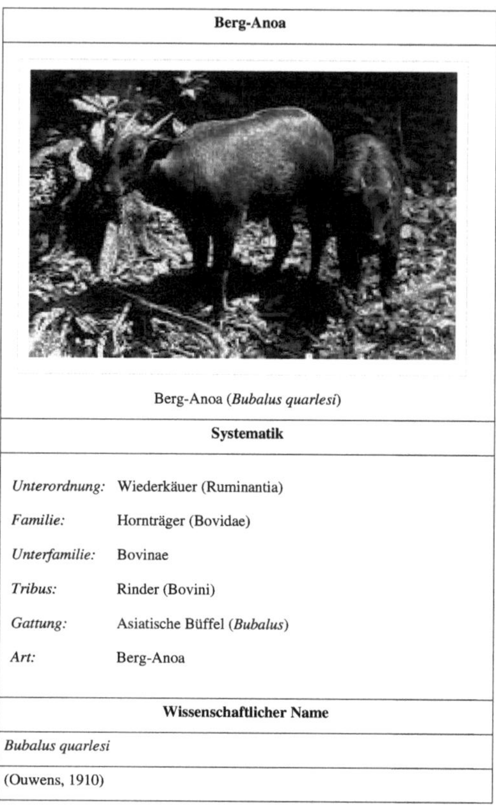

Berg-Anoa	
Berg-Anoa (*Bubalus quarlesi*)	
Systematik	
Unterordnung:	Wiederkäuer (Ruminantia)
Familie:	Hornträger (Bovidae)
Unterfamilie:	Bovinae
Tribus:	Rinder (Bovini)
Gattung:	Asiatische Büffel (*Bubalus*)
Art:	Berg-Anoa
Wissenschaftlicher Name	
Bubalus quarlesi	
(Ouwens, 1910)	

Der **Berg-Anoa** (*Bubalus quarlesi*) ist eine in Indonesien wild lebende Rinderart. Er ist eng mit dem Flachland-Anoa verwandt und wird manchmal als dessen Unterart betrachtet.

Merkmale

Berg-Anoas erreichen eine Kopfrumpflänge von rund 150 Zentimetern und eine Schulterhöhe von 70 Zentimetern. Ihr wolliges Fell ist dunkelbraun oder schwarz gefärbt. Beide Geschlechter tragen rund 15 bis 19 Zentimeter lange, glatte Hörner. Von den Flachland-Anoas unterscheiden sie sich durch das Fehlen der hellen Markierungen an der Kehle und an den Beinen, durch das dichtere Fell, den kürzeren Schwanz und die kürzeren Hörner.

Verbreitung und Lebensraum

Berg-Anoas sind auf der indonesischen Insel Sulawesi und der kleinen Nachbarinsel Buton endemisch. Ihr Lebensraum sind Wälder, wobei sie vorwiegend in Regenwäldern bis 2300 Metern Seehöhe vorkommen. Sie bevorzugen dabei vom Menschen ungestörte Gebiete in der Nähe von Gewässern.

Lebensweise

Berg-Anoas dürften vorwiegend einzelgängerisch oder in Paaren leben. Sie begeben sich am Morgen oder am Vormittag auf Nahrungssuche und ruhen nachmittags unter dichter Vegetation. Sie sind reine Pflanzenfresser, die sich von Blättern, Gräsern und Moosen ernähren.

Auch über die Fortpflanzung ist wenig bekannt. Nach einer rund 275- bis 315-tägigen Tragzeit bringt das Weibchen meist ein einzelnes Jungtier zur Welt, das zunächst deutlich heller als die Erwachsenen gefärbt ist.

Bedrohung

Die Bejagung und der Verlust des Lebensraums stellen die Hauptgründe für die Bedrohung der Berganoas dar. Die Population ist heute auf einige kleine Gebiete zersplittert, die zum Teil geschützt sind. Die IUCN schätzt den Gesamtbestand auf weniger als 2500 Tiere und listet die Art als stark gefährdet („endangered").

Literatur

- Ronald M. Nowak: *Walker's Mammals of the World.* The Johns Hopkins University Press, Baltimore 1999, ISBN 0-8018-5789-9.

Weblinks

- *Bubalus quarlesi* [1] in der Roten Liste gefährdeter Arten der IUCN 2008. Eingestellt von: G. Semiadi u. a., 2008. Abgerufen am 2. Januar 2009
- Berganoa auf Animal Diversity Web [2]
- Weitere Informationen, mit Fotos und Verbreitungskarte auf Ultimateungulate.com [3]

References

[1] http://www.iucnredlist.org/apps/redlist/details/3128/0

[2] http://animaldiversity.ummz.umich.edu/site/accounts/information/Bubalus_quarlesi.html

[3] http://www.ultimateungulate.com/Artiodactyla/Bubalus_quarlesi.html

Indonesien

Republik Indonesia Republik Indonesien	
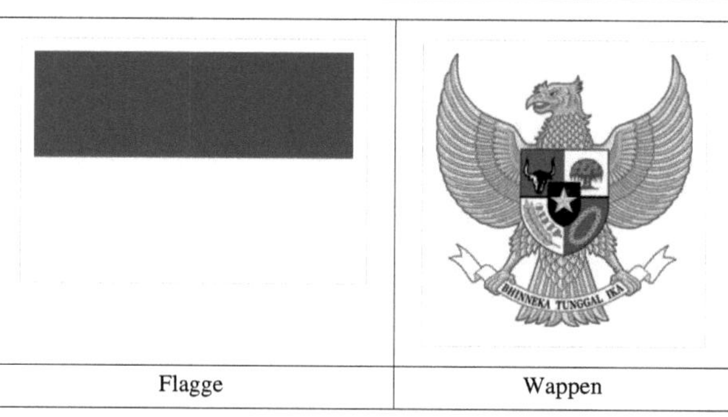 Flagge / Wappen	
Amtssprache	Indonesisch
Hauptstadt	Jakarta
Staatsform	Präsidialrepublik
Staatsoberhaupt und Regierungschef	Präsident Susilo Bambang Yudhoyono
Fläche	1.904.569 km²
Einwohnerzahl	237.556.363 *(Volkszählung 2010)*[1]
Bevölkerungsdichte	125,96 Einwohner pro km²
Bruttoinlandsprodukt nominal (2007)[2]	432.944 Mio. US$ (19.)
Bruttoinlandsprodukt pro Einwohner	1925 US$ (116.)
Human Development Index	0.734 (111.)
Währung	Rupiah
Unabhängigkeit	von den Niederlanden am 17. August 1945 anerkannt am 27. Dezember 1949
Nationalhymne	*Indonesia Raya*
Zeitzone	UTC+7 (Jakarta: WIT West Indonesian Time); UTC+8 und UTC+9
Kfz-Kennzeichen	RI
Internet-TLD	.id
Telefonvorwahl	+62

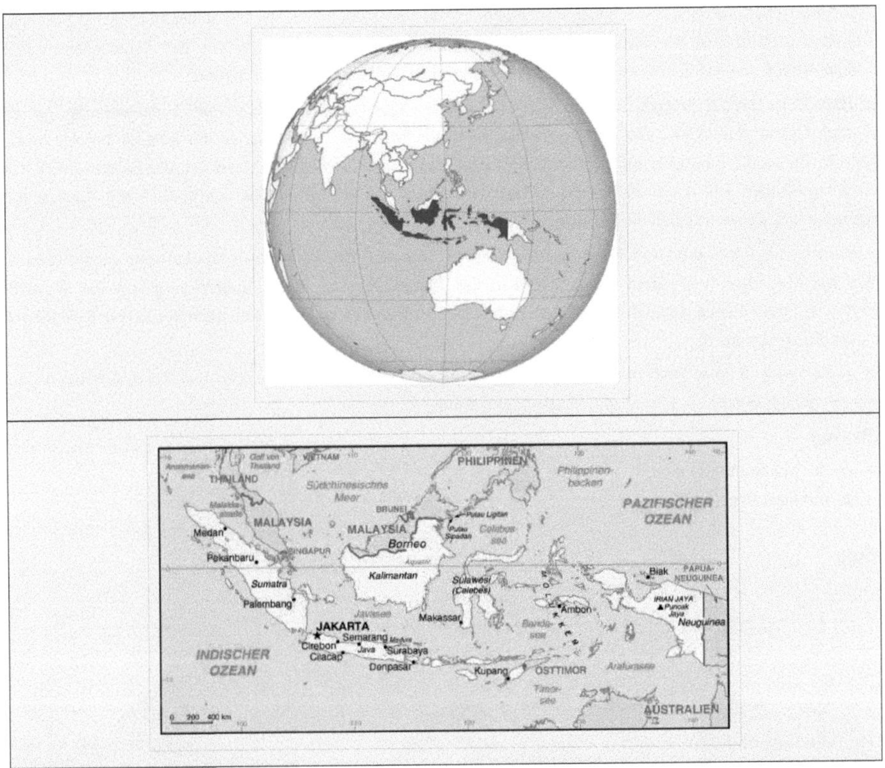

Die Republik **Indonesien** (indonesisch *Indonesia*) ist der größte Inselstaat sowie nach der Einwohnerzahl der viertgrößte Staat der Welt (Stand: 2010). Er wurde am 17. August 1945 proklamiert und am 27. Dezember 1949 von den Niederlanden unabhängig. Die Hauptstadt Jakarta hat 9,58 Millionen Einwohner (2010) und liegt auf der Insel Java, auf der mehr als die Hälfte der Einwohner des Landes leben. Der Name Indonesien ist eine Wortschöpfung auf Basis des Griechischen und setzt sich aus *Indo-* für Indien und *nesos* für Insel zusammen.

Geographie

Lage

Die äquatoriale Inselkette ist bezüglich Fläche und Einwohnerzahl der größte Staat Südostasiens, der weltgrößte Inselstaat sowie mit etwa 239,9 Millionen Einwohnern die viertgrößte Nation der Welt. Die Landfläche Indonesiens verteilt sich auf 17.508 Inseln, von denen 6.044 bewohnt sind. Die Hauptinseln sind Sumatra, Java, Borneo, Sulawesi und Neuguinea. Indonesien erstreckt sich in nord-südlicher Ausdehnung von 5°54'08"nördlicher Breite bis 11°08'20" südlicher Breite über 1.882 km, in west-östlicher Ausdehnung von 95°00'38" bis 141°01'12" östlicher Länge über 5.114 km.

Nördlich von Indonesien liegen Malaysia, Singapur, die Philippinen und Palau, östlich Papua-Neuguinea und Osttimor, südlich Australien und der Indische Ozean, letzterer liegt auch westlich von Indonesien. Gegen die Malaiische Halbinsel mit dem westlichen Malaysia und Singapur wird Indonesien durch die Straße von Malakka abgegrenzt und in Richtung philippinische Inseln durchläuft die Grenze die Celebessee.

Das indonesische Inselreich durchziehen eine große Anzahl von Meerengen, flachen Nebenmeeren und Seebecken. Im Norden verläuft eine der wichtigsten Wasserstraßen, die Straße von Malakka, von der Andamanensee in die Karimata-Straße, die nördlich in das Südchinesische Meer und südlich in die Javasee führt.

Die Javasee ist zentral gelegen und im Süden über Meerengen, wie die Sunda- oder Lombokstraße, mit dem indischen Ozean verbunden. Von der Celebessee zieht die Straße von Makassar in die östliche Javasee und die Floressee, die an die Bandasee mit den Gewürzinseln angrenzt. Weitere kleinere Meeresgebiete liegen südlich. Über dem indonesischen Teil der Insel Neuguinea liegt im Norden der Pazifik und südlich in Richtung Australien die Arafurasee und weiter westlich die Timorsee.

Zu Indonesien gehören die Großen (außer dem Nordteil Borneos) und die Kleinen Sunda-Inseln (außer Osttimor) sowie die Molukken, und damit der größte Teil des Malaiischen Archipels, außerdem gehört die Westhälfte Neuguineas (West-Papua, ehemals *Irian Jaya*) zu Indonesien. Damit liegt Indonesien nicht nur in Asien, sondern hat auch Anteil an Ozeanien.

Die größte und wichtigste Stadt Indonesiens ist die Hauptstadt Jakarta, die das Handels- und Finanzzentrum darstellt. Weitere wichtige Städte sind Surabaya, Medan und Bandung.

Siehe auch:

- Liste der Städte in Indonesien
- Liste indonesischer Inseln

Klima

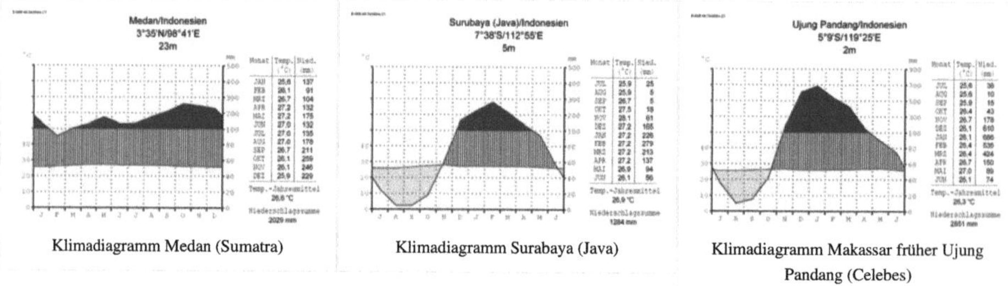

Klimadiagramm Medan (Sumatra) — Klimadiagramm Surabaya (Java) — Klimadiagramm Makassar früher Ujung Pandang (Celebes)

Indonesien zählt zu den größten Regenwaldgebieten der Welt. Auf Borneo, Sumatra, Westjava, Papua, den Molukken und Sulawesi gibt es immerfeuchtes Tropen-Klima. Temperaturen schwanken im Jahresverlauf kaum und liegen im Mittel zwischen 25 °C bis 27 °C. Bei einer relativen Luftfeuchtigkeit von 95 % und vorherrschender Windstille spricht man auch von tropischer Schwüle. Die Niederschlagsmenge eines Jahres liegt zwischen 2000 mm und 4000 mm.

Auf dem übrigen Java, den kleinen Sundainseln und den Aruinseln bestimmt der Monsun das Klima. Er sorgt für gleich bleibend hohe Temperaturen, die aber innerhalb von 24 Stunden Schwankungen von 6 °C bis 12 °C unterliegen können. Der Nordostmonsun führt vorwiegend trockene Luft mit sich und löst dadurch eine Trockenzeit (Wintermonsun genannt) aus.

In dieser niederschlagsarmen Zeit werfen die Bäume ihre Blätter ab und durchlaufen eine Art Ruhephase, in der die sogenannten Monsunwälder (lichte, grüne Wälder mit einer ausgeprägten Krautschicht) entstehen. Der Südwestmonsun nimmt über dem warmen Meer Feuchtigkeit auf und führt über dem Festland zu hohen Niederschlägen, die am Tag bis zu 50 mm erreichen können und oft zu Überschwemmungen führen.

Flora und Fauna

Durch die geographische Lage beiderseits des Äquators besitzt Indonesien ein ausgesprochen tropisches Klima mit Monsunwinden die von Juni bis September ein trockenes Klima mit wenig Regen und von Dezember bis März feuchte Luftmassen und viel Niederschlag mit sich bringen.

Die Wallace-Linie verläuft im nördlichen Teil des Archipels zwischen Kalimantan (Borneo) und Sulawesi südlich zwischen Bali und Lombok. Sie beschreibt eine biologische Trennlinie von asiatisch (westlich) und australisch (östlich) geprägter Flora und Fauna. Benannt wurde diese Linie nach dem englischen Naturforscher Alfred Russel Wallace, der während seiner Reisen zwischen 1854 und 1862 festgestellt hat, dass bestimmte asiatische Säugetiere wie Elefanten, Tiger, Tapire und Orang-Utans sehr wohl auf Borneo, Java und Bali vorkommen (oder zumindest in historischer Zeit noch vorkamen), nicht aber auf Sulawesi, den Molukken und den kleinen Sunda-Inseln.

In Indonesien und dem sogenannten Korallendreieck, zwischen Malaysia, Osttimor, den Philippinen, Papua-Neuguinea und den Salomonen, leben nach WWF-Angaben rund 75 Prozent aller bekannten Korallenarten und mehr als 3000 Fischarten, Schildkröten, viele Delphine und Wale sowie große Haie und Rochen.

Geologie

Die Landschaftsformen des modernen Indonesiens entwickelten sich ab dem Pleistozän, als die heutige Inselregion noch mit dem asiatischen Festland verbunden war. Der Archipel entstand dann während der Tauperiode nach der ersten Eiszeit. Das Land ist vulkanisch geprägt und dadurch sehr gebirgig. Ein Ausläufer des Pazifischen Feuerrings berührt lediglich den Nordosten Indonesiens. Die meisten Erdbeben und Vulkane werden durch die Subduktion der östlichen Platte des Indischen Ozeans unter den Sunda-Schelf hervorgerufen. Trotz der Bedrohungen durch Erdbeben und Tsunamis und die häufig aktiven Vulkane (Juni 2004: *Mount Bromo* und *Mount Awu* Ausbrüche; seit Anfang 2006 Merapi in Zentral-Java mit bedrohlichen Aktivitäten) sind einige Inseln, insbesondere Java, dicht besiedelt, da die Böden sehr fruchtbar sind und in Zusammenhang mit dem tropischen Klima eine intensive landwirtschaftliche Nutzung ermöglicht.[3]

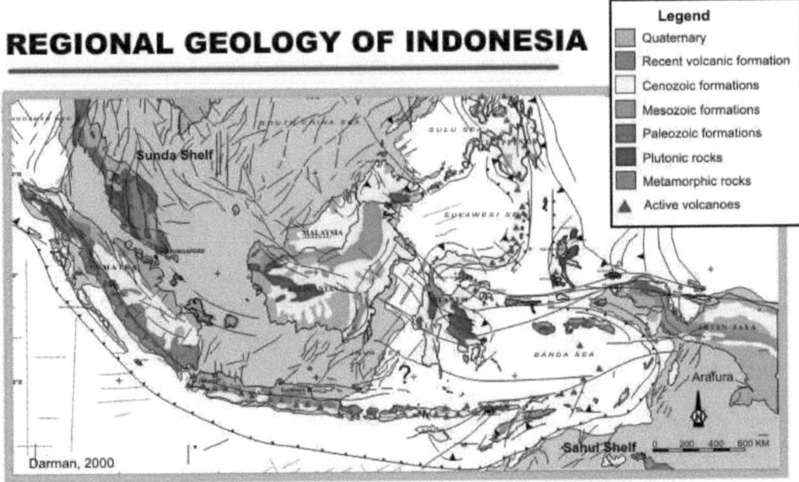

Siehe: Liste der Berge oder Erhebungen in Indonesien

Naturereignisse

Die größte Erdbebenkatastrophe der jüngeren Geschichte Indonesiens war das Seebeben im Indischen Ozean am 26. Dezember 2004. Als am Morgen gegen 7.58 Uhr Ortszeit die Erde vor der Nordwestküste Sumatras bebte, wurden viele Orte schwer beschädigt. Es war – mit 9,1 auf der Richterskala – das drittstärkste jemals gemessene Erdbeben (schwerstes Erdbeben am 22. Mai 1960 in Chile mit Stärke 9,5; zweitstärkstes das Karfreitagerdbeben 1964 in Alaska (9,2)). Nur ca. 15 Minuten später wurden die Menschen, vor allem an der Westküste Sumatras in der Region um Banda Aceh und Meulaboh, von einem bis zu 15 Meter hohen Tsunami überrascht. In wenigen Minuten wurden ganze Küstengebiete verwüstet. Es starben allein in Indonesien über 170.000 Menschen.

Ein Erdbeben Stärke 6,2 mit katastrophalen Auswirkungen ereignete sich am 27. Mai 2006 in Zentral-Java bei Yogyakarta. Dabei starben nach Regierungsangaben annähernd 5800 Menschen, bis zu 57.800 wurden verletzt, mehr als 130.000 Häuser wurden zerstört oder schwer beschädigt und bis zu 650.000 Menschen obdachlos. Außerdem führte es zu einer weiteren Verstärkung der Aktivitäten des Vulkans Merapi.

Seit 29. Mai 2006 bildet sich in der Nähe von Sidoarjo ein Schlammvulkan auf Java. 100 °C heißer Schlamm quillt aus der Erde, tausende Menschen wurden evakuiert.

Am 17. Juli 2006 ereignete sich ein Erdbeben vor Java mit anschließendem Tsunami. 525 Menschen starben und 38.000 wurden obdachlos. Betroffen war vor allem die Stadt Pangandaran auf der indonesischen Insel Java. Die Weiterleitung der Tsunami-Warnung wurde verpasst. Ein Erdstoß der Stärke 6,2 ereignete sich erneut am 19. Juli 2006 vor der indonesischen Küste, erklärte das Erdbebenwarnzentrum in Jakarta und gab diesmal die Warnung weiter.

Am 6. März 2007 ereignete sich ein Erdbeben der Stärke 6,3 in West-Sumatra mit über 70 Toten und mehreren Hundert Verletzten (Stand 6. März). Das Beben und eines der mehreren leichteren Nachbeben waren noch im über 400 km entfernten Singapur zu spüren, so dass dort mehrere Hochhäuser evakuiert wurden.

Am 16. November 2008 wurde auf der zentralindonesischen Insel Sulawesi erneut ein Erdbeben der Stärke 7,7 registriert.

Am 4. Januar 2009 um 2:43 Uhr ereignete sich ein Erdbeben mit der Stärke 7,2 auf West-Papua, das von 18 Nachbeben gefolgt wurde, von denen um 5:33 Uhr das stärkste mit 7,6 auf der Richterskala registriert wurde. Bei den Beben wurden mindestens vier Menschen getötet (Stand 4. Januar 2009 18:28 Uhr).[4]

Bevölkerung

Bevölkerungsdichte

Die Bevölkerungsdichte ist auf den indonesischen Inseln sehr unterschiedlich. Auch zwischen den Regionen einzelner Inseln gibt es starke Unterschiede. Während in den Provinzen Papua, Maluku und Maluku Utara im Durchschnitt maximal 30 Personen auf einem Quadratkilometer leben, liegt die Bevölkerungsdichte auf dem indonesischen Teil der Insel Borneo zwischen 10 und 100 Einwohnern/km² und auf Sumatra zwischen 30 und 300 Einwohnern/km². Auf Java ist sie mit knapp 1000 Einwohnern/km² am höchsten (Vergleich: Stadtstaat Hamburg: 2324/km²). Dort befinden sich auch die am dichtesten besiedelten Provinzen Jakarta und Yogyakarta.

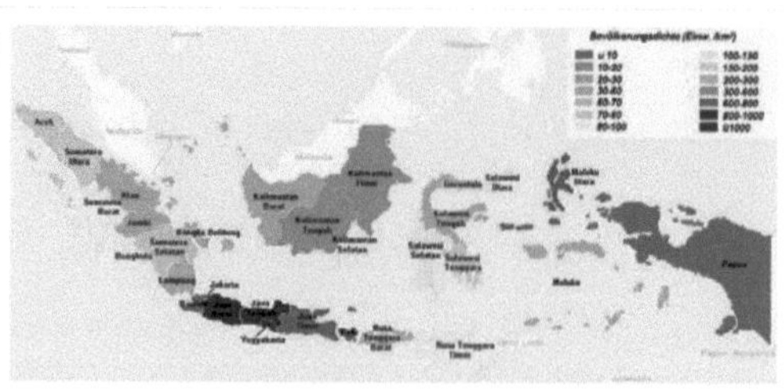

Verteilung der Bevölkerung in Indonesien

Java ist aufgrund des fruchtbaren Bodens und der Hauptstadt sehr dicht besiedelt, was zu einem starken Fortschrittsgefälle zwischen den Inselgruppen geführt hat. Die Regierung siedelt deshalb im Rahmen des *Transmigrations-*, des Transmigrasi-Projektes seit 1969 Familien aus Java auf dünner besiedelte Inseln um, was zu vielen Konflikten und Problemen geführt hat. Dies kann auch als eine Form der Kolonisierung verstanden werden.

Volksgruppen

Laut der indonesischen Volkszählung von 2001 leben in Indonesien insgesamt fast 360 verschiedene Völker, von denen die meisten malaiischer Herkunft sind. Erst gegen Ende der niederländischen Kolonialzeit wurde die Bezeichnung Indonesier gegenüber der bis dahin üblichen eigenen Stammesbezeichnung bevorzugt. Allerdings gibt es starke regionele Autonomie- und Sezessionsbestrebungen.[5] Die einzelnen Völker verteilen sich wie folgt:

Ethnische Gruppen in Indonesien

Javaner (41,7 %), Sundanesen (15,4 %), Malaien (3,4 %), Maduresen (3,3 %), Batak (3,0 %), Minangkabau (2,7 %), Betawi (2,5 %), Bugis (2,5 %), Bantenesen (2,1 %), Banjaresen (1,7 %), Balinesen (1,5 %), Sasak (1,3 %), Makassaresen (1,0 %), Cirebon (0,9 %), Chinesen (0,9 %), Gorontalo (0,8 %), Achinesen (0,4 %) (wobei aufgrund des Krieges nur etwa die Hälfte der Bevölkerung des Bundesstaates Aceh erfasst wurde), Torajas (0,4 %)

Den größten Bevölkerungsanteil stellen mit einem Anteil von rund zwei Dritteln die Jungmalaien, zu denen die Javaner, Sundanesen und Maduresen gehören. Etwa 5 % der Bevölkerung sind Altmalaien, darunter die Dayak auf Borneo, die Batak auf Sumatra und die Toraja auf Celebes.

Malaiische Völker stellen in Sumatra, Java, Sulawesi, Bali und durch Einwanderung mittlerweile auch in Kalimantan die Mehrheit. Dagegen leben im Osten vorwiegend Völker, die aus Vermischung von malaiischen Einwanderern und der ursprünglichen melanesischen Bevölkerung hervorgegangen sind. In West-Neuguinea besteht die ursprüngliche Bevölkerung ausschließlich aus Melanesiern (Papua), deren Anteil aber durch malaiische Zuwanderung auf etwa die Hälfte der Bevölkerung gesunken ist.

Dazu kommen noch z. B. die Achinesen, Torajas, Bajau, Bauzi, Lampung, Tengger, Osing, Badui, Gorontalo und viele andere Gruppen, die aber meist weniger als ein Prozent an der Gesamtbevölkerung stellen und Mischformen, wie etwa die auf Sumba lebenden Wewewa, die zur Hälfte malaiischer und melanesischer Herkunft sind. Außerdem leben noch vereinzelt polynesische Völker in dem Inselstaat.

Minderheiten sind die nur noch in Rückzugsgebieten anzutreffenden Restgruppen von Völkern, die schon vor Ankunft der Malaien auf den Inseln lebten, darunter Kubu, Lubu, Ulu und Sakai.[5]

Als zahlenmäßig größte Gruppe sind die Javaner in Indonesien die politisch dominierende Gruppe. Durch das umstrittene Programm Transmigrasi wurde versucht, das Problem der Bevölkerungskonzentration auf der Insel Java (ca. 1000 Einwohner pro km²) zu lösen, was vor allem auf Borneo und Sulawesi zu blutigen Zusammenstößen mit der heimischen Bevölkerung führte.

Chinesische Minderheit

In Indonesien leben insgesamt 7,89 Millionen Überseechinesen, die meisten davon auf der Hauptinsel Java. Doch auch auf Sumatra und Kalimantan sind Chinesen heimisch. Die meisten Chinesen kamen in das Land, als Indonesien noch eine niederländische Kolonie war.

Nach der Erlangung der Unabhängigkeit Indonesiens 1945 wurden viele Chinesen außer Landes gedrängt. Die Regierung verbannte Chinesen ohne indonesische Staatsbürgerschaft aus kleinen Orten und beraubte Zehntausende ihrer Lebensgrundlage. Präsident Sukarno wollte damit den *Pribumi* (den einheimischen Indonesiern) die Kontrolle über den Handel in den Dörfern verschaffen. Nach der Machtergreifung Suhartos und der Hetze und den Morden an mutmaßlichen Kommunisten (die Chinesen wurden beschuldigt, Kommunisten zu sein) zwischen 1965 und 1967 verkündete Suharto einen Präsidialerlass über „Die Politik zur Lösung des chinesischen Problems" und einen weiteren zu Religion, Glauben und chinesischen Gebräuchen.

Chinesischsprachige Schulen wurden geschlossen, Kulturvereinigungen wurden aufgelöst, der Verkauf chinesischsprachiger Bücher und Zeitschriften, sogar die Verwendung chinesischer Schriftzeichen in Kalendern, bei Firmenzeichen oder an Geschäften wurde verboten. Eine einzige staatlich kontrollierte chinesischsprachige Tageszeitung wurde erlaubt. Die Indonesierung chinesischer Namen wurde massiv vorangetrieben. Merkmale kultureller Identität wie zum Beispiel die Feier des chinesischen Neujahrsfestes wurden verboten bzw. in private Haushalte verbannt. Die Ausweise vieler ethnischer Chinesen unterscheiden sich anhand eines speziellen Codes von denen der Pribumi. Im Februar 1998 räumte sogar ein Vertreter des indonesischen Verteidigungsministeriums ein, ethnische Chinesen sähen sich Schwierigkeiten ausgesetzt, wenn sie als Beamte oder beim Militär Karriere machen wollten, und würden zudem beim Zutritt zu staatlichen Universitäten benachteiligt.

Die Überarbeitung der diskriminierenden Gesetze wurde am 16. September 1998 von dem damaligen Präsidenten Habibie in einem Erlass angeordnet.

Religion

Mit ca. 200 Millionen Moslems stellt Indonesien den Staat mit der größten muslimischen Bevölkerung der Welt dar. Der Islam ist jedoch nicht Staatsreligion. Allerdings müssen sich alle Bürger des Inselstaates zu einer von fünf Weltreligionen bekennen. Dies wird durch die Staatsideologie Pancasila fest vorgeschrieben. Die Bürger können demnach den Lehren von Islam, Christentum (katholisch und evangelisch), Buddhismus, Hinduismus oder Konfuzianismus folgen. Manche Volksgruppen geben eine offizielle Religion an, praktizieren jedoch einen animistischen Glauben.

Religionen in Indonesien

88 % der Indonesier sind Muslime (ca. 200 Millionen).[6] Dabei hängen die meisten der sunnitischen Richtung an. In Indonesien leben nur etwa 100.000 Schiiten. Viele Indonesier praktizieren eine synkretistische Form des Islam. Anhänger dieser Form wurden vom Ethnologen (Kultur- und Sozial-Anthropologen) Clifford Geertz als Abangan bezeichnet, im Gegensatz zu den Santri, die sich am dogmatischen Islam orientieren.

23 Millionen Indonesier, also neun Prozent der Bevölkerung, sind Christen (ca. sechs Prozent evangelisch und drei Prozent Anhänger der römisch-katholischen Kirche Indonesiens).[7] Auch hier geben manche Volksgruppen zwar das Christentum als Religion an, praktizieren jedoch Animismus. Das Christentum gelangte bereits vereinzelt im 15. Jahrhundert zu den Inseln. Viele bis dahin nichtislamisierte Völker, wie etwa die Torajas in Süd-Sulawesi oder die Batak in Nord-Sumatra, wurden erst im 19. und 20. Jahrhundert zum Christentum missioniert. Bei der Missionierung der Batak spielten deutsche Missionare eine entscheidende Rolle. Die Bewohner des heutigen Nusa Tenggara Timur sowie die der Molukken (Gewürzinseln), konvertierten bereits im 16. und 17. Jahrhundert (damals portugiesisch besetzte Gebiete). In einigen Gebieten Indonesiens sind Christen in der Mehrheit, was sich jedoch aufgrund der Transmigrasi und der unterschiedlichen Geburtenraten zu ändern begonnen hat. Katholisch ist vor allem der Osten Indonesiens (Flores, Westtimor) geprägt. Abgesehen davon leben viele Christen auch in den Großstädten Javas und Sumatras. Zusammenstöße zwischen Moslems und Christen haben seit 1999 mehr als 10.000 Menschen das Leben gekostet. In West-Neuguinea hält die Welle der Gewalt gegen die animistisch-christliche Papua-Bevölkerung bis heute an.[8]

1,8 Prozent der Bevölkerung sind Hindus (besonders auf Bali und auf Lombok verbreitet) und ein Prozent Buddhisten (meist Angehörige der chinesischen Minderheit). Zudem gibt es eine sehr kleine jüdische Minderheit.

Der Ahnenkult und der Geisterglaube haben nach wie vor einen großen Stellenwert bei vielen Indonesiern, auch wenn sie Moslems, Christen, Hindus oder Buddhisten sind.

Soziale Strukturen

Über 27 % der insgesamt 241 Millionen Indonesier leben in Armut, wobei es starke regionale Unterschiede gibt. Während in Java, der Hauptinsel des Landes, etwa 23 % in Armut leben, gibt es manche Provinzen, besonders im Osten, in denen der Anteil der armen Bevölkerung bei 44 % liegt.

Besonders in Großstädten wie Jakarta gibt es ausgedehnte Slums. Auf Java gibt es etwa 1,7 Millionen Straßenkinder. Die Slums, in denen viele Menschen unter erbärmlichen Bedingungen leben müssen, sind Zentren von radikalen Islamisten, die einen Teil der dortigen Bevölkerung für ihre Ideen gewinnen konnten, was sich hin und wieder in antiamerikanischen Demonstrationen äußert. Straßenkinder (vornehmlich Jungen) werden mitunter von radikalislamistischen Gruppen aufgegriffen und landen in illegalen islamischen Schulen.

Menschenrechte

Obwohl zuvor die Justiz nur selten Menschenrechtsverletzungen verfolgte, ratifizierte Indonesien 2005 den *Internationalen Pakt über Bürgerliche und Politische Rechte* sowie den *Internationalen Pakt über Wirtschaftliche, Soziale und Kulturelle Rechte.* In den Jahren 2006 und 2007 wurden verschiedene Regelungen des Strafgesetzbuches für verfassungswidrig erklärt, die davor der Verfolgung Oppositioneller dienten. Laut amnesty international geschehen jedoch weiterhin schwerwiegende Menschenrechtsverletzungen: Mindestens 117 Personen waren im Jahr 2008 als gewaltlose politische Gefangene inhaftiert. In Indonesien wird für verschiedene Verbrechen die Todesstrafe verhängt und laut ai seit 2004 vermehrt angewandt.

Seit dem Rücktritt von Präsident Suharto im Jahre 1998 wurden viele Beschränkungen der Meinungsfreiheit für Parteien, Gewerkschaften und die übrige Zivilgesellschaft aufgehoben. Dennoch sind weiterhin Flaggen, die die Unabhängigkeit einzelner Regionen Indonesiens symbolisieren, verboten. 2006 stufte das Verfassungsgericht drei Artikel des Strafgesetzbuches als verfassungswidrig ein, die die „Beleidigung des Präsidenten" unter Strafe stellten. Die Artikel waren zur Einschränkung der Meinungsfreiheit herangezogen worden. Im Juli 2007 wurden zwei weitere Artikel für verfassungswidrig erklärt, die ebenfalls bei kritischen Äußerungen über Regierungsinstitutionen zur Verfolgung führten und laut amnesty international zur Verfolgung von Oppositionellen missbraucht worden waren.[9]

Während die Menschen in Indonesien überwiegend einem moderaten Islam anhängen, gilt in der Provinz Aceh seit 2001 die Scharia. Als Teil eines Friedensabkommens mit der Zentralregierung zur Beendigung der

Separatistenkämpfe in der Provinz erhielt Aceh 2005 einen halbautonomen Status. Dort geht die Polizei massiv gegen als „unislamisch“ deklarierte Verhaltensweisen vor: Wer Kleidervorschriften missachtet, wird bestraft. Anderes abweichendes Verhalten im Alltag kann mit zur Abschreckung inszenierten „Umerziehungsmaßnahmen“ geahndet werden, wie im Dezember 2011 eine Gruppe Punks erfahren musste.[10]

Geschichte

→ *Hauptartikel: Geschichte Indonesiens*

Die indonesische Bevölkerung stammt ursprünglich von austronesischen Völkern ab, die vor Beginn unserer Zeitrechnung in mehreren Einwanderungswellen ins Land kamen. Der Fund des Java-Menschen beweist, dass die Insel bereits vor ca. 1,8 Millionen Jahren besiedelt war.

Im ersten Jahrtausend n. Chr. gewannen der Buddhismus und der Hinduismus Einfluss auf Indonesien und verschmolzen mit Glaubensvorstellungen der ursprünglichen Bauernkultur. Wegen der günstigen Lage an der Seehandelsroute von China nach Indien blühte der Handel und es entstanden mehrere Handelsreiche.

Das einflussreichste und bekannteste Königreich Srivijaya auf Sumatra bestand seit ca. 500 und übernahm bis ca. 700 die Herrschaft über ganz Sumatra und Java, Teile Borneos und die malaiische Halbinsel. Ab dem 11. Jahrhundert begann das Reich zu zerfallen, unter anderem durch Angriffe der Chola-Könige, die unliebsame Handelskonkurrenz ausschalten wollten. Zwischen 1275 und 1290 übernahm schließlich der König von Singhasari die Herrschaft über den größten Teil Indonesiens. Auf Java gewann ab 1293 das Reich von Majapahit an Bedeutung, das bald über die ehemaligen Gebiete von Srivijaya herrschte.

Ab dem 15. Jahrhundert besuchten immer mehr arabische Händler Indonesien und die Konversion zum Islam begann. Hinduismus und Buddhismus überleben bis heute nur auf den Inseln Bali (siehe beispielsweise: Besakih) und Lombok, wo sich eine indigene (mehrheitlich aber hinduistisch geprägte) Mischkultur herausgebildet hat.

1487 umfuhr der Portugiese Bartolomeu Diaz erstmals das Kap der Guten Hoffnung und bereitete damit die Entdeckung des Seeweges nach Indien durch Vasco da Gama vor. In der Folge stießen die Europäer in den indonesischen Raum vor, um den bislang von Orientalen betriebenen Gewürzhandel zu übernehmen. Nach fast 100-jähriger portugiesischer Dominanz setzten sich um 1600 die Niederländer als Kolonialherren durch. Als Niederländisch-Indien war Indonesien eine der ersten holländischen Kolonien. Ab dem Jahr 1908 dehnten die Niederlande, von Java ausgehend, ihren Machtbereich auf den gesamten indonesischen Archipel aus. Lediglich die Provinz Aceh (Atjeh) im Norden Sumatras vermochte zu widerstehen, wurde aber nach einem über dreißigjährigen Krieg ebenfalls unterworfen.

Im Frühjahr 1942 begann die japanische Armee Niederländisch-Indien zu besetzen. Ihr Interesse galt kriegswichtigen Rohstoffreserven und der Verbesserung ihrer strategischen Position. Im März 1942 kapitulierten die Niederländer. Die fast 350-jährige Zeit ihrer Kolonialherrschaft war vorüber. Noch unter japanischer Besatzung erklärt sich Indonesien im März 1943 von den Niederlanden unabhängig. Die Herrschaft der Japaner endete am 15. August 1945 mit deren Kapitulation.

Sukarno (etwa 1949)

Am 17. August 1945 riefen Sukarno und Mohammed Hatta die Unabhängigkeit Indonesiens aus. Der Einfluss der Republik Indonesien erstreckte sich zunächst auf die Inseln Java, Sumatra und Madura. Die übrigen Inseln wurden meist von den Niederländern kontrolliert. Im Niederländisch-Indonesischen Krieg (1947/48) eroberten die Niederlande zwar fast das gesamte Gebiet, kämpften aber weiterhin gegen eine indonesische Guerilla und verloren vor allem die Sympathie der Weltöffentlichkeit, nicht zuletzt wegen des Massakers am 9. Dezember 1947 in dem Dorf Rawagede (West-Java) mit 431 Toten, bei dem nur zehn Männer überlebten. Unter amerikanischem Druck mussten die Niederlande im August 1949 (abermals) Verhandlungen mit der Republik Indonesien aufnehmen. Am 27. Dezember 1949 wurde in Amsterdam die Übergabe der Souveränität unterzeichnet, der niederländische Teil von Neuguinea West-Papua blieb jedoch vorläufig unter niederländischer Verwaltung.

Die Bildung des Nachbarstaates Malaysia 1963 wurde von Indonesien abgelehnt, was zum als Konfrontasi bezeichneten Konflikt zwischen den beiden Staaten führte.

Suharto 1965

Am 30. September/1. Oktober 1965 kam es zu einem Putschversuch von Teilen des Militärs. Der rechtsgerichtete General Suharto schlug den Aufstand nieder und erklärte die am Putschversuch unbeteiligte kommunistische Partei PKI zum Schuldigen. Er verbot sie und veranlasste in der Folge ein Massaker des Militärs unter tatsächlichen und angeblichen Kommunisten, dem nach Schätzungen von Amnesty International in den folgenden Monaten fast eine Million Menschen zum Opfer fiel. Auch die chinesische Minderheit war Opfer des Aufstands. Hinter Suharto standen die USA.

Suharto zwang Sukarno zur Niederlegung seines Amtes. Drei Jahre später folgte die Eingliederung von West-Papua. Im Jahr 1975 begannen indonesische Truppen Portugiesisch-Timor zu besetzen, nachdem die portugiesische Kolonialmacht in Folge innerer Unruhe das Land verlassen hatte. Nach der Wirtschaftskrise im Jahre 1998 kam es zu ersten Protesten. Die Gewalt erreichte ihren Höhepunkt in den Tagen vom 12. bis zum 14. Mai 1998 in Jakarta. Schließlich willigte Präsident Suharto in seinen Rücktritt ein und Bacharuddin Jusuf Habibie übernahm vorerst die Macht. Im Oktober 1999 wurde Abdurrahman Wahid erster frei gewählter Staatspräsident des Landes, zwei Jahre später Megawati Sukarnoputri Tochter des Staatsgründers Sukarno.

Am 12. Oktober 2002 ereignete sich der Terroranschlag auf der Touristeninsel Bali, der 202 Tote und mehr als 300 Verletzte forderte. Im Sommer 2004 fanden erstmals direkte Präsidentschaftswahlen statt, bei der kein Kandidat eine Mehrheit erreichen konnte. Bei einer Stichwahl am 20. September siegte der Herausforderer und frühere General Susilo Bambang Yudhoyono.

In den letzten Jahren wurde Indonesien immer wieder von Naturkatastrophen heimgesucht. Am 26. Dezember 2004 zerstörte der Tsunami große Teile der Provinz Aceh auf Sumatra und forderte viele Todesopfer. 2006 gab es in Yogyakarta ein Erdbeben der Stärke 6, wobei auch das Weltkulturerbe Prambanan stark beschädigt wurde. 2007 war der Vulkan „Anak Krakatau" stark aktiv.

Politik

Die ehemalige niederländische Kolonie ist heute eine Präsidialrepublik. Die Verfassung von 1945 sieht die Gewaltenteilung vor. Nach dem Sturz Suhartos 1998 wurden umfangreiche Reformen umgesetzt. Das Unterhaus (Abgeordnetenhaus) hat 500 auf fünf Jahre gewählte Abgeordnete (bis 2004 waren 38 davon vom Präsidenten ernannte Militärs). Die beratende Volksversammlung, die früher den Präsidenten wählte und übergreifende politische Themen berät, besteht aus dem Abgeordnetenhaus, 135 Vertretern der Provinzen sowie 65 Vertretern von Standesorganisationen und kommt damit auf 700 Mitglieder.

Seit einer Verfassungsänderung 2004 ist der Majelis Permusyawaratan Rakyat (MPR) ein Zweikammerparlament. Dieses höchste Legislativorgan besteht aus den 550 DPR (Dewan Perwakilan Rakyat) Abgeordneten und 128 Regionalvertretern (DPD). Der DPD (Dewan Perwakilan Daerah) ist somit eine im Rahmen der Dezentralisierungspolitik neu geschaffene 2. Kammer.

Seit den Wahlen 2004 ist Indonesien in der Weltöffentlichkeit als demokratischer Staat anerkannt.

Präsident

Seit 2004 wird der Präsident direkt vom Volk gewählt. Erster direkt gewählter Präsident wurde der frühere General Susilo Bambang Yudhoyono. Der ehemalige Sicherheitsminister erhielt bei der Stichwahl am 20. September 2004 fast 61 Prozent der Stimmen. Er löst damit die bisherige Staatschefin Megawati Sukarnoputri ab, die nur auf gut 39 Prozent kam. Schon beim ersten Wahlgang am 5. Juli 2004 hatte der Ex-General die meisten Stimmen erzielt, die absolute Mehrheit aber verfehlt. Deshalb war eine Stichwahl gegen die zweitplatzierte Megawati nötig geworden. Die Tochter von Republikgründer Sukarno war im Sommer 2001 an die Staatsspitze gerückt, nachdem ihr Vorgänger Abdurrahman Wahid aus dem Amt gedrängt worden war.

Susilo Bambang Yudhoyono

Parteien

Indonesien hat ein Mehrparteiensystem mit einer großen Anzahl von Parteien. Vorherrschende Partei unter Suharto war Golkar. Ihr Einfluss ist weiterhin groß, aber nicht mehr dominant. Der derzeitige Präsident Yudhoyono kandidierte bei der Präsidentschaftswahl 2004 für die neu gegründete Demokratische Partei, seine Vorgängerin und Kontrahentin Megawati für die PDI-P.

Mitgliedschaft in internationalen Organisationen

Indonesien war viele Jahre Mitglied in der Organisation erdölexportierender Länder (OPEC). Da die eigenen Erdölvorkommen fast erschöpft sind, wurde es aber zu einem Netto-Importeur von Erdöl. Unter anderem aus diesem Grund hat das Land am 28. Mai 2008 seinen Austritt aus der OPEC bekannt gegeben.[11]

Indonesien ist Mitglied der Vereinten Nationen. 1965 war das Land aus der Organisation ausgetreten, trat aber 1966 wieder ein.[12]

Indonesien ist ferner Mitglied im Internationalen Währungsfonds, in der Welthandelsorganisation und in der ASEAN.

Militär

Die Streitkräfte Indonesiens heißen *Tentara Nasional Indonesia* (TNI) und bestehen aus etwa 250.000 Soldaten. Sie sind in Heer, Marine und Luftwaffe untergliedert. Das Heer hat mit etwa 196.000 Soldaten die bei weitem größten Kapazitäten. Lange Zeit gehörte auch die indonesische Landespolizei zu den Streitkräften. Im April 1999 begann man mit der Ausgliederung der Landespolizei, dieser Prozess wurde im Juli 2000 formell abgeschlossen. Mit 150.000 Angestellten hat die Polizei eine weit kleinere Mannschaftsstärke als in den meisten anderen Staaten. Hinzu kommen noch etwa 120.000 Mitglieder der örtlichen Polizei, so dass sich die Gesamtstärke auf etwa 270.000 Personen beziffern lässt.

Administrative Gliederung

Indonesien ist administrativ derzeit in 33 Teile gegliedert, darunter 30 Provinzen, zwei Sonderregionen und der Hauptstadtdistrikt (*Daerah Khusus Ibukota*) Jakarta. In jüngster Zeit wurden einige neue Provinzen von bereits bestehenden abgetrennt (2003 Irian Jaya Barat und 2004 Sulawesi Barat). Die indonesische Regierung plant die Errichtung weiterer neuer Provinzen.

Eine Ebene unter den Provinzen gibt es 357 Regierungs- oder Verwaltungsbezirke, die seit der Verwaltungsreform 2001 eine große administrative Bedeutung besitzen.

Kultur

Die Nationalhymne Indonesia Raya wurde von Wage Rudolf Soepratman komponiert. Typische indonesische Musikinstrumente sind das Gamelan und Angklung. Ein traditioneller Zeitvertreib ist das indonesische Schattenspiel Wayang. Die indonesische Kultur (Musik, Literatur, Malerei) wurde im 9. und 10. Jahrhundert zuerst vom Buddhismus, und ab dem 13. Jahrhundert zunehmend vom Hinduismus geprägt. Eine weitere hochentwickelte Kunst ist die Batik, die in Indonesien seit Jahrhunderten beheimatet ist. In aufwendiger Technik werden reiche Muster mit Blumen und Vogelmotiven, Spiralen und phantasievoller Struktur entwickelt. Heute ist die Batik ein Exportprodukt Indonesiens. Reis ist ein Grundnahrungsmittel, das bis zu dreimal am Tag gegessen wird. Überall durchziehen Reisterrassen das Land. Viele Mythen erzählen, dass der Reis ein Geschenk des Himmels ist.

Durch die Vielzahl der Völker Indonesiens bestehen jedoch große Unterschiede zwischen den Kulturen der einzelnen Regionen. Siehe auch Feiertage in Indonesien.

Wirtschaft

Allgemeines

Die Wirtschaft des Next-Eleven-Staates Indonesien basiert auf dem Prinzip der Marktwirtschaft, wird an vielen Stellen aber von der Regierung beeinflusst. Einige große Unternehmen sind in Staatsbesitz. 1997/1998 erschütterte eine Wirtschaftskrise verschiedene Staaten in Ost- und Südostasien, wovon auch Indonesien stark betroffen war (Asienkrise). Die Währung verlor 75 % ihres Wertes und viele Betriebe gingen bankrott. Derzeit ist die indonesische Wirtschaft aber einigermaßen stabil und hat eine Wachstumsrate von etwa 5 %. Die Währung ist die Indonesische Rupiah.

Landwirtschaft in Indonesien

Das Bruttoinlandsprodukt betrug im Jahr 2010 4300 USD pro Kopf,[13] jedoch lebt ein Viertel der Bevölkerung unter der Armutsgrenze. Fast die Hälfte der Beschäftigten ist in der Landwirtschaft tätig. Viele multinationale Unternehmen nutzen den Reichtum an natürlichen Bodenschätzen im Land und haben Niederlassungen. So betreibt z. B. der *Daewoo-Logistics*-Konzern aus Südkorea großflächige Pflanzungen, auf den z. B. Mais und Palmöl angebaut werden. Das Palmöl wird direkt in Indonesien weiterverarbeitet.[14]

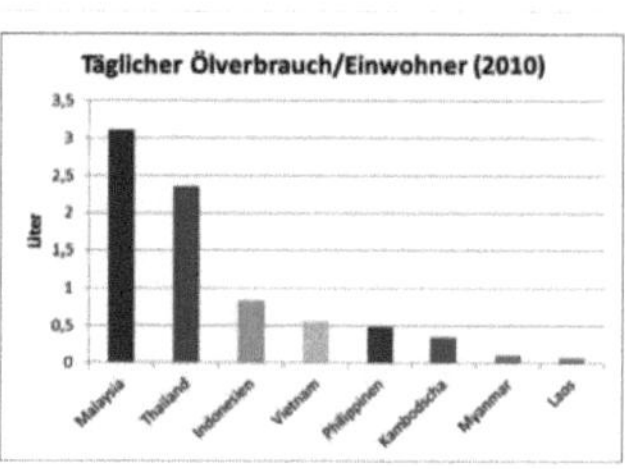

Täglicher Ölverbrauch einiger Länder in Südostasien, Literpro Tag/Einwohner

Der Gold- und Kupferproduzent PT Freeport Indonesia ist größter Steuerzahler des Staates, er betreibt in West-Papua die größte Goldmine der Welt.

Landwirtschaft

Die Hauptprodukte der Nahrungsmittel-Landwirtschaft in Indonesien sind Reis (60.279.897 t), Cassava (20.834.241 t), Mais (15.860.299 t), Rohrzucker (2.266.812) und die Süßkartoffel (1.824.40 t).[15] Außerdem werden unter anderem Palmöl (10.869.365 t), Tee (114.332 t) und Kautschuk (450.526 t) geerntet.[16] Damit ist Indonesien neben Malaysia das Hauptanbauland für Palmöl. 2004 wurden mit dem Export von Palmöl Einnahmen von ca. vier Milliarden US erwirtschaftet. Die Anbaufläche stieg von 120.000 ha 1968 auf 5,5 Millionen ha 2004. Als kritisch wird angesehen, dass viele Ernteflächen durch Rodungen des Regenwaldes gewonnen werden.[17] Dabei wird der Lebensraum u. a. von Elefanten und Tigern gefährdet.[18]

74 % der Erntemenge an Cassava dienen direkt der menschlichen Ernährung. Zum Teil (ca. eine Million Tonnen pro jahr) wird die Cassava zu Stärke weiterverarbeitet. Die Stärke wiederum wird zu 43,9 % zur Herstellung von Brot, anderen Backwaren und Krabbenchips verwandt, zu 41 % für andere Nahrungsmittelindustrien und 14,6 % wird zur Herstellung von Süßungsmitteln verwendet.[19] [20]

Export

Einige Exportprodukte sind Gold, Kupfer, Kohle, Holzprodukte, Agrarprodukte (Palmöl, Reis, Erdnüsse, Kakao, Kaffee), Textilien und Mineralien. Indonesien ist mit jährlichen 23 Millionen Tonnen (2002) weltgrößter Exporteur von Flüssigerdgas. Hauptabnehmer sind Japan und China.

Der Großteil des international gehandelten Tropenholzes Merbau kommt aus West Papua und wird dort zu 90 % illegal geschlagen.[21] In allen anderen Ländern sind die natürlichen Standorte von Merbau durch exzessiven Abbau schon lange erschöpft.

Tourismus

Der Tourismus ist für das Land eine wichtige Einnahmequelle. Allein Bali wird jedes Jahr von ca. vier Millionen Touristen besucht, die vornehmlich aus Australien, den USA und Europa stammen. Allerdings hat der Tourismus in Indonesien durch die Bombenanschläge auf Bali (2002 und 2005) und wiederholte Terrorwarnungen insbesondere durch australische Behörden in den letzten Jahren deutliche Einbußen erlebt.

Vulkan Bromo auf Java

Komodowaran

Java zieht mit dem Weltkulturerbe Borobudur (buddhistisch) und Prambanan (hinduistisch) und der für Batik bekannten Stadt Yogyakarta Touristen an. Auch die touristisch erschlossenen Vulkane Bromo, Tankubanbrahu und Kawah Putih (beide bei Bandung), Badeorten wie Pangandaran und weitere an der Westküste, sowie kulturell interessanten Orten wie Bandung und Cirebon und das durch hinduistische Tempel geprägte Dieng-Plateau locken Touristen an. Auch die auf Java gelegene Hauptstadt Jakarta ist trotz der unüberschaubaren Größe und ihres unsicheren Rufes ein touristisches Ziel.

Sumatra hat landschaftlich und kulturell einiges zu bieten. Daneben sind die artenreichen Nationalparks beliebte Tourismusziele. Die Inseln Komodo, Rinca und Padar umfasst der Komodo-Nationalpark, wo der Komodowaran heimisch ist. Nordsulawesi, insbesondere das Gebiet um Manado (v. a. Bunaken und die Lembeh-Straße) und die Togian-Inseln sind als Taucherparadies bekannt, das Toraja-Hochland im Südwesten Sulawesis hingegen vor allem für seinen Totenkult.

Für West-Papua, bekannt für seine Vielzahl an teilweise noch sehr abgeschieden und traditionell lebenden ethnischer Gruppen, ist eine besondere polizeiliche Erlaubnis (*Surat Jalan*) nötig, um Ziele im Landesinneren besuchen zu können. Sämtliche Orte der Reise müssen genau eingetragen sein. Reisende sind verpflichtet, sich mit diesem Formular am Zielort bei der örtlichen Polizei zu melden. Journalisten erhalten seit 2003 keine Einreisegenehmigung für West-Papua.

Bankwesen

Die ehemals staatliche Mikrofinanz-Bank Bank Rakyat Indonesia ist mittlerweile zum Teil privatisiert.

Wirtschaftskennzahlen

Die wichtigen Wirtschaftskennzahlen Bruttoinlandsprodukt, Inflation, Haushaltssaldo und Außenhandel entwickelten sich in den letzten Jahren folgendermaßen. Bemerkenswert ist der massive wirtschaftliche Einbruch während der Asienkrise im Jahr 1998.

Veränderung des Bruttoinlandsprodukts (BIP), real															
in % gegenüber dem Vorjahr															
Jahr	1997	1998	1999	2000	2001	2002	2003	2004	2005	2006	2007	2008	2009	2010	2011
Veränderung	4,7	-23,2	0,9	4,8	3,8	4,3	5,0	5,1	5,6	5,5	6,3	6,1	4,5	~6,1	~6,3
Quelle: gtai[22]												**~ = geschätzt**			

Entwicklung des BIP (nominal)					
absolut (in Milliarden US$)			je Einwohner (in US$)		
Jahr	2003	2004	Jahr	2003	2004
BIP	205	248	BIP	952	1146
Quelle: bfai[23]					

Entstehung und Verwendung des BIP (2005)			
Entstehung des BIP (in %)		Verwendung des BIP (in %)	
Industrie	28	öffentlicher Verbrauch	8
Handel und Tourismus	16	privater Verbrauch	60
Landwirtschaft	13	Bruttoanlageinvestitionen	23
Bergbau	10	Außenbeitrag	7
Öl- und Gasförderung	11	statistische Differenz	2
Transport und Kommunikation	7		
Bauwirtschaft	6		
sonstiges	9		
Quelle: bfai[24]			

Entwicklung der Inflationsrate				Entwicklung des Haushaltssaldos			
in % gegenüber dem Vorjahr				in % des BIP („minus" bedeutet Defizit im Staatshaushalt)			
Jahr	2004	2005	2006	Jahr	2003	2004	2005
Inflationsrate	6,4	7,1	~ 7	Haushaltssaldo	-1,7	-1,1	-0,5
Quelle: bfai[25]					~ = geschätzt		

Entwicklung des Außenhandels						
in Mrd. US$ und seine Veränderung gegenüber dem Vorjahr in %						
	2008		2009		2010	
	Mrd. US$	% gg. Vj.	Mrd. US$	% gg. Vj.	Mrd. US$	% gg. Vj.
Einfuhr	125,9	36,6	96,8	-23,1	135,7	40,2
Ausfuhr	138,1	17,6	116,5	-15,6	157,8	35,5
Saldo	12,2		19,7		22,1	
Quelle: gtai[26]						

Indonesische Kinospielfilmproduktion[27]	
Jahr	**Anzahl**
1975	73
1985	62
1995	30
2005	50

Staatshaushalt

Der Staatshaushalt umfasste 2009 Ausgaben von umgerechnet 97,24 Milliarden US-Dollar, dem standen Einnahmen von umgerechnet 83,77 Milliarden US-Dollar gegenüber. Daraus ergibt sich ein Haushaltsdefizit in Höhe von 2,6 % des BIP.[28]

Die Staatsverschuldung betrug 2009 153,4 Milliarden US-Dollar oder 29,8 % des BIP.[28]

2006 betrug der Anteil der Staatsausgaben (in % des BIP) folgender Bereiche:

- Gesundheit:[29] 2,5 %
- Bildung:[28] 3,6 %
- Militär:[28] 3,0 % (2005)

Das Militär führt eine Reihe von Unternehmen und Stiftungen, sodass sein Etat in Wirklichkeit größer ist als hier angegeben.

Internet

→ *Hauptartikel: Internet in Indonesien*

Auch das Internet wird wie die meisten anderen Informationsmedien in Indonesien vielfach gemeinschaftlich genutzt. So wie eine Zeitung im Durchschnitt von sechs Menschen gelesen wird, werden sich Internetzugänge, Computer oder Plätze in Internetcafes geteilt.[30] Im Vergleich zu anderen südostasiatischen Ländern ist die Anzahl der Benutzer im Vergleich zur Bevölkerung relativ gering. Die meisten Benutzer nutzten das Internet in Warnets (Internetcafes), nur 1,1 Prozent besitzt einen eigenen Computer.[31] Schätzungen der indonesischen Internetdienstleistungsgesellschaft APJII (*Asosiasi Peyelenggara Jasa Internet Indonesia*) zufolge liegt die Zahl der Internetnutzer 2007 bei 25 Millionen.[32]

Wichtiger jedoch als die bloße Zahl der Nutzer ist ihre geografische Verteilung. Indonesiens immense geografische Ausdehnung hat seit je her politische und infrastrukturelle Probleme mit sich gebracht. Verstärkt durch die aggressive Java-zentristische Entwicklungspolitik der Neuen Ordnung hinken die Außeninseln (sprich alles außerhalb Javas und Balis, welche vor allem aufgrund ihres touristischen Potenzials mit der entsprechenden Infrastruktur bedacht sind), was Schulen, Straßen, Telefonleitungen, etc. betrifft, massiv hinterher. Auch die geografische Verteilung von Internetcafés und Internetnutzer macht hier keine Ausnahme. Während in der Hauptstadt Jakarta auf 20.000 Menschen ein Internetcafé kommt, gibt es in Sumatra, Westnusatenggara (NTB), Sulawesi und Maluku ein Internetcafé auf eine Million Menschen. Auch die Telefondichte, elementare Voraussetzung für die private Internetnutzung, zeigt ein ähnliches Bild. Im Durchschnitt kommen drei Telefone auf 100 Menschen.[33] [34] Zieht man die Zentrierung vor allem auf die Inseln Java und Bali mit in Betracht, ist der Zustand für NTB und weiter östlich gelegene Provinzen noch nicht modern genug. Andererseits ist der Zugang auch an eine Form technischen Wissens geknüpft, die nicht jedem geläufig ist.

Umwelt

Wald

Der Regenwald Indonesiens gilt als der artenreichste weltweit. Dennoch werden große Waldflächen vernichtet. Prognosen des Umweltprogrammes der Vereinten Nationen zufolge werden bis zum Jahr 2022 98 % der Wälder degradiert oder verschwunden sein.[35] Dies ist zum einen auf die (legale) Umwandlung von Primärwäldern zurückzuführen. Zum anderen ist Illegaler Holzeinschlag für die derzeitige Entwaldung von bis zu knapp zwei Millionen Hektar pro Jahr eine Ursache.[36] Etwa 88 % des Holzes stammen aus illegalem Einschlag. Dieser Trend spiegelt sich auch im Zustand des Artenbestandes wider: Indonesien hat derzeit die längste Liste an vom Aussterben bedrohten Arten. Der bekannteste Vertreter dieser Liste ist wohl der Orang Utan, der noch auf Sumatra und Borneo vorkommt.

In den volkswirtschaftlichen Rechnungen werden Primärwälder oftmals als unproduktiv angesehen, da der Regenwald kaum Produkte für den Verkauf auf den nationalen Märkten oder dem Weltmarkt produziert. Für die angestammte lokale Bevölkerung bildet der Regenwald und dessen traditionelle Nutzungen wie Jagd, Fischfang, Sammeln von Waldprodukten und Wanderfeldbau hingegen die Lebensgrundlage. Großindustrien aus dem Bereich der Land- und Forstwirtschaft lassen den Regenwald roden oder abbrennen, um Plantagen anzulegen. Dabei wird vor allem Holz zur Verarbeitung in der Papierherstellung und Palmöl zur Energiegewinnung hergestellt. Auf der Suche nach Bodenschätzen wird ebenfalls Regenwald abgeholzt. Beim Abbrennen der Wälder, insbesondere in Gebieten mit viel Torf, werden enorme Mengen des in der Vegetation gebundenen Kohlenstoffs freigesetzt. Die dabei entstehenden Emissionen des Treibhausgases Kohlendioxid beschleunigen die weltweite Klimaerwärmung. Daneben entsteht starker Rauch, der sich zeitweise bis über die Nachbarländer Malaysia, Singapur und Brunei ausbreitet und gesundheitliche und wirtschaftliche Schäden anrichtet und zu politischen Konflikten führt. Besonders stark und monatelang anhaltend war der Rauch in den Jahren 1983/84, 1997/98 und 2006.[37]

Die Böden sind oft zu nährstoffarm, als dass sie langfristig agrarwirtschaftlich genutzt werden könnten. Die indigene Bevölkerung betreibt deshalb Wanderfeldbau auf kleinen im Regenwald gerodeten Parzellen. Größere Flächen werden von eingewanderten Siedlern *(transmigrasi)* gerodet. Die im ehemals artenreichen Regenwald gerodeten Landflächen werden oft nur einige Jahre bebaut und dann aufgegeben. Meist siedelt sich dort dann das hartnäckige Elefantengras *(Saccharum ravennae)* an. Die CO_2-Emissionen Indonesiens sind zu 80 % auf Entwaldung zurückzuführen.[38]

Gewässer

Aus dem Flugzeug und selbst von Satellitenaufnahmen deutlich zu sehen ist Freeports über 250 km² zerstörende Flussentsorgung durch Minenabraum der Grasberg-Mine in West-Papua. Flussentsorgung (englisch *„riverine disposal“*) ist in den USA und anderen Bergbau betreibenden Industriestaaten wegen ihrer Langzeitumweltschäden verboten. Auch Indonesien hat 2001 ein solches Verbot erlassen. Für Freeport gelten, dank guter Beziehungen zur indonesischen Regierung, die Klauseln des unveröffentlichten Konzessionsvertrages, in denen keine Umweltauflagen enthalten sind. Neben dem Abraum stellt Acid Mine Drainage (saurer Haldenabfluss) das Hauptumweltproblem dar, das auch den benachbarten Lorentz-Nationalpark bedroht.

An der Küste von Sulawesi tritt das Phänomen der Korallenbleiche auf. Es wird versucht, der Zerstörung durch künstlichen Korallenriffe zu begegnen. Dabei werden Stahlkonstruktionen unter schwachen Gleichstrom gesetzt, was eine Mineralakkretion und eine Besiedelung mit Korallen zur Folge hat. Diese Biorock-Technologie wurde von dem Architekten Wolf Hilbertz entwickelt.

Die Cyanid- und Dynamitfischerei ist inzwischen verboten. Trotzdem ist besonders die Cyanidfischerei noch vielerorts an der Tagesordnung.

Gemeinsam mit fünf weiteren Anrainerstaaten hat sich Indonesien zum Schutz des Korallendreiecks entschlossen. Auf einer Konferenz in Mando (Indonesien) wurde beschlossen, ein Fünftel der küstennahen Gewässer, in denen

Korallen, Mangroven und Seegras vorkommen, zur Schutzzone zu erklären. Dafür stehen 300 Millionen Dollar zur Verfügung. Dieses Geld soll helfen, ein Drittel aller Korallenriffe weltweit und Tausende Fischarten zu schützen.[39]

Siehe auch

- Portal:Indonesien
- Liste der Städte in Indonesien

Literatur

Sachbücher

- Steven Drakeley: *The history of Indonesia.* Greenwood, Westport Co 2005. ISBN 0-313-33114-6
- Genia Findeisen: *Frauen in Indonesien – Geschlechtergleichheit durch Demokratisierung? Eine Analyse des Demokratisierungsprozesses aus Frauenperspektive.* Johannes Herrmann Verlag, Wettenberg 2008. ISBN 978-3-937983-11-0
- Johannes Herrmann: *Regionale Konflikte in Indonesien.* Abera, Hamburg 2004. ISBN 978-3-934376-36-6
- Jacqueline Knörr: *Kreolität und postkoloniale Gesellschaft. Integration und Differenzierung in Jakarta.* Campus Verlag, Frankfurt/New York 2007. ISBN 978-3-593-38344-6 (Die Autorin ist Ethnologin und Associate Professor am Max Planck Institut für ethnologische Forschung.)
- Matti Justus Schindehütte: *Zivilreligion als Verantwortung der Gesellschaft – Religion als politischer Faktor innerhalb der Entwicklung der Pancasila Indonesiens.* Abera, Hamburg 2006. ISBN 978-3-934376-80-9
- Ingrid Wessel und Georgia Wimhöfer (Hrsg.): *Violence in Indonesia.* Abera, Hamburg 2001. ISBN 978-3-934376-16-8
- *Länderprofil Indonesien. Demokratischer Aufbruch, gesellschaftlicher Wandel und Folgen der Globalisierung.* Düsseldorf 2007 Nord-Süd-Netz des DGB Bildungswerks [40]
- *Der Millionen-Umzug im Wettlauf mit der Zeit.* In: GEO Magazin. Hamburg 1986 ISSN 0342-8311 [41] (Zum Transmigrasi-Problem)

Belletristik

- Max Dauthendey: *Erlebnisse auf Java.* Aus Tagebüchern. Albert Langen, München 1924.
- Mochtar Lubis: *Dämmerung in Jakarta.* Unionsverlag, Zürich 1997. ISBN 3-293-20098-2 (Der Autor verbrachte die Jahre 1956 bis 1965 im Gefängnis oder unter Hausarrest. Nach seiner Rehabilitierung gewährt er einen Blick hinter die politischen und gesellschaftlichen Kulissen und Randbedingungen der verschiedenen Gesellschaftsschichten)
- Ida Pfeiffer: *Abenteuer Inselwelt.* Promedia, Wien 1993. ISBN 3-900478-70-8 (Vierjährige Reise der österreichischen Reiseliteratin 1851 durch Borneo, Sumatra und Java)
- Inge Schubart: *Ärztin im Dschungel von Sumatra.* Stieglitz-Verlag, Mühlacker 1995. ISBN 3-7987-0327-2 (Ereignisreiches Leben der Ärztin im Dschungel 1950-60)
- Pramoedya Ananta Toer: *Bumi Manusia. Garten der Menschheit.* Rowohlt, Reinbek 1997

Weblinks

- Webpräsenz Indonesische Botschaft in Berlin [42]
- Informationen des Statistischen Bundesamtes zu Indonesien [43]
- Indonesia country profile [44] auf BBC News (englisch)
- Indonesia [45] – Dossier aus dem CIA World Factbook (englisch)

Einzelnachweise

[1] *Hasil Sensus Penduduk 2010. Data Agregat per Provinsi* (http://dds.bps.go.id/eng/download_file/SP2010_agregat_data_perProvinsi.pdf)
[2] International Monetary Fund, World Economic Outlook Database, April 2008 (http://www.imf.org/external/pubs/ft/weo/2008/01/weodata/weorept.aspx?sy=2007&ey=2007&ssd=1&sort=country&ds=,&br=0&c=512,446,914,666,612,668,614,672,311,946,213,137,911,962,193,674,122,676,912,548,313,556,419,678,513,181,316,682,913,684,124,273,339,921 s=NGDPD,NGDPDPC&grp=0&a=&pr1.x=29&pr1.y=7)
[3] Dierke Weltatlas (deutsch), Bos Atlas (niederländisch)
[4] The Jakarta Post vom 1. April 2009 (http://www.thejakartapost.com/news/2009/01/04/yudhoyono-sends-ministers-west-papua.html)
[5] *Meyers Großes Länderlexikon.* Meyers Lexikonverlag, Mannheim 2004., Seite 240
[6] Länderinformationen des Auswärtigen Amtes zu Indonesien (http://www.diplo.de/Indonesien)
[7] Radio Vatikan: *Schweizer Bundespräsidentin trifft Religionsführer* (http://www.oecumene.radiovaticana.org/ted/Articolo.asp?c=117154), 9. Februar 2007.
[8] International Crisis Group: *Resources and Conflict in Papua.* Brussel 2002 pdf 737 kb (http://www.crisisgroup.org/home/index.cfm?l=1&id=1449), S. 8.
[9] http://www.amnesty.de/downloads/indonesien
[10] *Umerziehung für indonesische Punks. Piercings raus, Haare runter und rein in den See.* (http://www.tagesschau.de/ausland/punksindonesien100.html) tagesschau.de, 14. Dezember 2011
[11] http://www.tagesschau.de/ausland/indonesien12.html (nicht mehr online verfügbar) Indonesien tritt aus OPEC aus
[12] The World Almanac and Book of Facts 2010 der New York Times, S. 747, ISBN 978-1-60057-123-7
[13] CIA World Factbook (https://www.cia.gov/library/publications/the-world-factbook/geos/id.html#Econ)
[14] Homepage von Daewoo-Logistcs (http://www.dwlogistics.co.kr/business/e_business03-1.asp)
[15] Statistische Tabellen Indonesien, 3. Forecast Erntemengen 2008 (http://www.bps.go.id/sector/agri/pangan/table2.shtml)
[16] Statistische Tabellen Indonesien, Erntemengen 2006 (http://www.bps.go.id/sector/agri/kebun/table2.shtml)
[17] Eco-News: Palmöl-Warnung für Indonesien vom 8. November 2007, gesehen 29. November 2008 (http://www.eco-world.de/scripts/basics/econews/basics.prg?a_no=16839)
[18] Vistaverde News 11. Dezember 2002, gesehen 29. November 2008 (http://www.vistaverde.de/news/Natur/0212/11_palmoel.htm)
[19] Cassava Starch and Derived Products in Indonesia, 2001 (http://www.ciat.cgiar.org/asia_cassava/workshop_pdf/Paper66_Nasir_Saleh_and_Hardono_Nugroho_Cassava_starch_and_d.pdf)
[20] http://www.agfdt.de/loads/st04/yi.pdf Market Potentials in Starch Production und Utilisation within Southeast Asia and Far Asian Countries by Tong Yi
[21] Telapak Eia: *Stemming the Tide: Halting The Regional Trade in Stolen Timber in Asia.* November 2005 PDF (http://www.eia-international.org/files/reports114-1.pdf)
[22] Entwicklung des BIP von Indonesien, Stand: Mai 2011 (http://www.gtai.de/ext/anlagen/PubAnlage_7756.pdf?show=true)
[23] Entwicklung des BIP von Indonesien (absolut): bfai 2006, siehe: Wirtschaftsdaten kompakt (http://www.bfai.de/DE/Navigation/home/home.html)
[24] Verwendung des BIP von Indonesien (absolut): bfai 2006, siehe: Wirtschaftsdaten kompakt (http://www.bfai.de/DE/Navigation/home/home.html)
[25] Entwicklung der Inflationsrate von Indonesien: bfai 2006, siehe: Wirtschaftsdaten kompakt (http://www.bfai.de/DE/Navigation/home/home.html)
[26] Entwicklung des Außenhandels von Indonesien: gtai Mai 2011, siehe: Wirtschaftsdaten kompakt (http://www.gtai.de/ext/anlagen/PubAnlage_7756.pdf?show=true)
[27] Weltfilmproduktionsbericht (Auszug) (http://www.fafo.at/download/WorldFilmProduction06.pdf), Screen Digest, Juni 2006, S. 205–207 (eingesehen am 15. Juni 2007)
[28] The World Factbook (https://www.cia.gov/library/publications/the-world-factbook/geos/id.html)
[29] Der Fischer Weltalmanach 2010: Zahlen Daten Fakten, Fischer, Frankfurt, 8. September 2009, ISBN 978-3-596-72910-4
[30] Hill (2003): Plotting Public Participation on Indonesia's Internet. South East Asia Research 11, 3. S. 298.
[31] Hill (2003): Plotting Public Participation on Indonesia's Internet. South East Asia Research 11, 3. S. 303.
[32] apjii.or.id: *APJII 2007* (http://www.apjii.or.id/dokumentasi/statistik.php?lang=eng/)

[33] Low, Pit Chen 2003: The Media in a Society in Transition. A Case Study of Indonesia. The Fletcher School (Tufts University). MASTER OF ARTS THESIS, S. 51.

[34] Hill (2003): Plotting Public Participation on Indonesia's Internet. South East Asia Research 11, 3. S. 299.

[35] *The Last Stand of the Orangutan. State of Emergency: Illegal Logging, Fire and Palm Oil in Indonesia's National Parks.* UNEP, UNESCO, Februar 2007, S. 36 (http://www.unep-wcmc.org/resources/PDFs/LastStand/full_orangutanreport.pdf) (PDF-Datei; 20,2 MB)

[36] *Global Forest Ressources Assessment 2005.* FAO Forestry Paper 147. ISBN 92-5-105481-9, S. 21.

[37] *Forest fires result from government failure in Indonesia.* mongabay.com, 15. Oktober 2006 (http://news.mongabay.com/2006/1015-indonesia.html)

[38] (http://www.bmelv.de/cln_045/nn_753662/DE/12-Presse/Pressemitteilungen/2007/209-SE-Klimavertragsstaatenkonferenz.html__nnn=true) Information des BMELV, abgerufen am 11. Januar 2008

[39] Schutz des Korallendreiecks (http://www.focus.de/wissen/wissenschaft/umwelt-schutz-fuer-korallendreieck-in-suedostasien_aid_398669.html)

[40] http://www.nord-sued-netz.de/system/files/download/Laenderprofil-Indonesien.pdf

[41] http://dispatch.opac.d-nb.de/DB=1.1/CMD?ACT=SRCHA&IKT=8&TRM=0342-8311

[42] http://www.botschaft-indonesien.de/

[43] http://www.destatis.de/jetspeed/portal/cms/Sites/destatis/Internet/DE/Content/Statistiken/Internationales/InternationaleStatistik/Land/Asien/Indonesien,templateId=renderPrint.psml

[44] http://news.bbc.co.uk/2/hi/asia-pacific/country_profiles/1260544.stm

[45] https://www.cia.gov/library/publications/the-world-factbook/geos/id.html

Koordinaten:

[//toolserver.org/~geohack/geohack.php?pagename=Indonesien&language=de¶ms=2_S_118_E_region:ID_type:country 2° S, 118° O]

Rinder

Rinder	
 Afrikanischer Büffel (*Syncerus caffer*)	
Systematik	
Überordnung:	Laurasiatheria
Ordnung:	Paarhufer (Artiodactyla)
Unterordnung:	Wiederkäuer (Ruminantia)
Familie:	Hornträger (Bovidae)
Unterfamilie:	Bovinae
Tribus:	Rinder
Wissenschaftlicher Name	
Bovini	
Gray, 1821	

Die **Rinder** (Bovini) sind eine Gattungsgruppe der Hornträger (Bovidae). Es sind große stämmige Tiere, von denen einige Arten als Nutztiere eine wichtige Rolle spielen. Einige Rinderarten werden auch „Büffel" genannt, dies ist eine willkürliche Bezeichnung, die keine systematische Relevanz hat.

Amerikanischer Bison

Merkmale

Rinder erreichen eine Kopfrumpflänge von 1,60 m bis 3,50 m, wozu noch ein bis zu 1,00 m langer Schwanz kommt. Die Schulterhöhe variiert von 0,70 m bis 2,00 m, das Gewicht von 150 kg bis über 1000 kg (spanische "Kampfstiere" um 500 kg). Diese Tiere weisen einen stämmigen Rumpf mit kräftigen Gliedmaßen auf. Das Fell ist meist in Grau-, Braun- oder Schwarztönen gefärbt, die Länge und Beschaffenheit variiert je nach Lebensraum. Beide Geschlechter tragen Hörner, die der Weibchen sind jedoch kleiner und dünner. Die Hörner sind im Gegensatz zu denen vieler anderen Hornträger glatt. Wie alle Wiederkäuer haben sie einen mehrkammerigen Magen, der ihnen die Verwertung von schwer verdaulicher Pflanzennahrung ermöglicht.

Verbreitung und Lebensweise

Das ursprüngliche Verbreitungsgebiet der Rinder umfasste Nordamerika, Eurasien und Afrika. Sie bewohnen eine Reihe von Lebensräumen, bevorzugen jedoch vorwiegend offene Waldgebiete und Grasländer. Sie leben meist in Herden unterschiedlicher Sozialstruktur zusammen und sind Pflanzenfresser.

Rinder und Menschen

Mindestens fünf Rinderarten, Auerochse, Banteng, Gaur, Yak und Wasserbüffel wurden domestiziert; insbesondere das Hausrind und der Wasserbüffel haben dadurch eine weltweite Verbreitung erlangt und kommen in verwilderten Populationen auch in Regionen vor, in denen ursprünglich keine Rinder beheimatet waren. Im Gegensatz dazu sind die meisten wildlebenden Arten in ihrem Bestand bedroht. Das Wildrind ist im 17. Jahrhundert ausgestorben, zwei Arten, Kouprey und Tamarau, werden von der IUCN als vom Aussterben bedroht gelistet, viele andere Arten als gefährdet.

Systematik

Im hier verwendeten engeren Sinn umfassen die Rinder vier Gattungen mit insgesamt zwölf Arten.

Domestizierter Wasserbüffel

- Gattung Asiatische Büffel (*Bubalus*)
  - Wasserbüffel (*Bubalus arnee*)
  - Tamarau (*Bubalus mindorensis*)
  - Flachland-Anoa (*Bubalus depressicornis*)
  - Berg-Anoa (*Bubalus quarlesi*)
- Gattung *Syncerus*
  - Afrikanischer Büffel (*Syncerus caffer*)
- Gattung Eigentliche Rinder (*Bos*)
  - Auerochse (*Bos primigenius*), mit dem davon abstammendem Hausrind (*B. p. taurus*) und Zebu (*B. p. indicus*)
  - Kouprey (*Bos sauveli*)
  - Banteng (*Bos javanicus*)
  - Gaur (*Bos gaurus*)
  - Yak (*Bos mutus*)
- Gattung Bisons (*Bison*)
  - Amerikanischer Bison (*Bison bison*)
  - Wisent (*Bison bonasus*)

Die Abgrenzung ist dabei umstritten. So wird das eng mit den Rindern verwandte, erst in den 1990er-Jahren entdeckte Vietnamesische Waldrind manchmal ebenfalls zu den Rindern gestellt, ebenso wie die Vierhornantilope. Auch die Waldböcke, eine Gruppe afrikanisch-asiatischer Antilopen, sind eng mit den Rindern verwandt. Alle diese genannten Gruppen bilden die Unterfamilie der Bovinae innerhalb der Hornträger.

Stammesgeschichtlich sind die Rinder eine recht junge Gruppe. Erst im Pliozän sind die frühesten Rinder fossil belegt. Sie verbreiteten sich mutmaßlich von Asien aus über Europa, Nordamerika und Afrika. Vor allem im Pleistozän waren sie artenreich vertreten.

Literatur

- D. E. Wilson, D. M. Reeder: *Mammal Species of the World.* Johns Hopkins University Press, Baltimore 2005. ISBN 0-8018-8221-4

Weblinks

- Rinder (Bovini) auf Ultimateungulate.com [1]

References

[1] http://www.ultimateungulate.com/Cetartiodactyla/Bovinae.html

Wiederkäuer

Wiederkäuer	
 Weißwedelhirsch (*Odocoileus virginianus*)	
Systematik	
Reihe:	Landwirbeltiere (Tetrapoda)
Klasse:	Säugetiere (Mammalia)
Unterklasse:	Höhere Säugetiere (Eutheria)
Überordnung:	Laurasiatheria
Ordnung:	Paarhufer (Artiodactyla)
Unterordnung:	Wiederkäuer
Wissenschaftlicher Name	
Ruminantia	
Scopoli, 1777	
Familien	

- Hirschferkel (Tragulidae)
- Stirnwaffenträger (Pecora)
    - Giraffenartige (Giraffidae)
    - Moschushirsche (Moschidae)
    - Gabelhornträger (Antilocapridae)
    - Hirsche (Cervidae)
    - Hornträger (Bovidae)

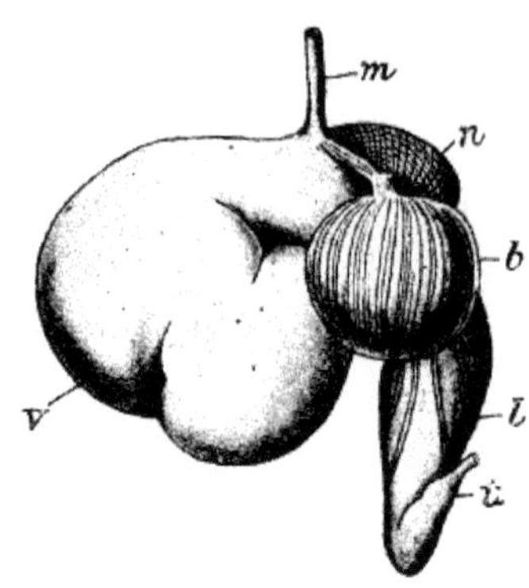

Magen eines Kalbs: m: Ende der Speiseröhre; v: Pansen; n: Netzmagen; b: Blättermagen; l: Labmagen; t: Beginn des Dünndarms

Wiederkäuer (Ruminantia) sind eine Unterordnung der Paarhufer (Artiodactyla). Sie sind Pflanzenfresser und besitzen einen mehrteiligen Wiederkäuermagen, der es ihnen durch mikrobielle Verdauung ermöglicht, auch solche Kohlenhydrate als Nahrung zu nutzen, die für andere Säugetiere mit nur einem Magen (Monogastrier) unverdaulich sind (beispielsweise Zellulose). Außer den Wiederkäuern sind auch andere Pflanzenfresser wie Kängurus, Schlankaffen, Pferde und Hasenartige in der Lage, Zellulose mit Hilfe von Mikroorganismen zu verdauen, jedoch im Dickdarm, was für die Verwertbarkeit von mikrobiellem Protein eine weitere Passage durch den Verdauungstrakt nötig macht (Caecotrophie).

Der Ausdruck 'Wiederkäuer' kommt daher, dass der vorverdaute Nahrungsbrei in Ruhephasen des Tieres hochgewürgt und nochmals zerkaut wird, bevor die mechanisch weiter zerkleinerte Nahrung erneut verschluckt und der eigentlichen Verdauung zugeführt wird.

Bau des Magens

wiederkäuendes Schaf

Der Wiederkäuermagen besteht meist aus vier Abschnitten: Der **Labmagen** (Abomasum) entspricht dem einhöhligen Magen der Monogastrier. Vorgeschaltet finden sich drei Vormägen, bei denen es sich um unterschiedlich differenzierte Abschnitte der Speiseröhre handelt: **Pansen** (auch: Zottenmagen, Rumen), **Netzmagen** (auch: Haube, Retikulum) und **Blättermagen** (auch: Buchmagen, Psalter, Omasus). Der Pansen wiederum besitzt einen Vorhof, der auch als *Schleudermagen* bezeichnet wird. Dieser kann auch separat gezählt werden, wodurch sich die Zahl der Vormägen auf vier bzw. die der Mägen auf fünf erhöht. Gelegentlich werden auch Pansen und Netzmagen funktionell zum *Reticulorumen* zusammengefasst.

Beim **Grasen** wird die Pflanzennahrung lediglich grob zerkaut und verschluckt. Sie gelangt dann über den *Schleudermagen* in den Pansen. Im *Pansen*, aber auch in den anderen Vormägen, leben zahlreiche Mikroorganismen wie Bakterien, Protozoen und Hefen, mit denen der Nahrungsbrei gut vermischt wird. Die Mikroorganismen sind in der Lage, die meisten Kohlenhydrate zu Stoffen abzubauen, die von der Pansenwand resorbiert werden können. Bei diesem Fermentation genannten Vorgang werden auch Kohlenhydrate aufgeschlossen, die für andere Tierarten unverdaulich sind (beispielsweise Zellulose), so dass sie der Wiederkäuer aufnehmen und energetisch verwerten kann. Die bei der Fermentation freiwerdenden Gase (vor allem Kohlendioxid und Methan) sammeln sich im *Netzmagen*, bis sie durch den Ruktus (Rülpsen) an die Umwelt abgegeben werden. Die Aminosäurebiosynthese der Mikroorganismen wird durch mit dem Speichel oder vom Pansen ausgeschiedenen oder auch zugefütterten Harnstoff angeregt, sodass Wiederkäuer gänzlich ohne zugeführte Aminosäuren auskommen können [1].

Der Nahrungsbrei wird nun zur weiteren Zerkleinerung und Durchmischung zwischen Pansen und Netzmagen hin- und herbewegt, bevor er durch Kontraktionen des *Netzmagens* und *Schleudermagens* und durch rückwärts laufende peristaltische Wellen der übrigen Speiseröhre in kleinen Portionen wieder in die Mundhöhle befördert wird. Die Nahrung wird hier durch weiteres Zerkauen (**Wiederkäuen**) noch feiner zerkleinert, bevor sie erneut verschluckt wird.

Der *Netzmagen* übt eine „Sortierfunktion" aus, die große und grob zerkleinerte Nahrungsbestandteile zurückhält und kleine Partikel in den *Blättermagen* weiter transportiert. Dort wird der Nahrungsbrei durch Kontraktion zwischen den Blättern ausgepresst und das Wasser resorbiert, was den Nahrungsbrei eindickt und dafür sorgt, dass die Verdauungssekrete im nachfolgenden Labmagen weniger verdünnt werden. Schließlich wird der Nahrungsbrei in den *Labmagen* transportiert, wo - wie auch bei den Monogastriern - der pH-Wert durch Sekretion von Salzsäure gesenkt wird und die **Verdauung**, vor allem von Eiweißen und Fetten, durch körpereigene Enzyme erfolgt. Dort werden auch Eiweiße aus den im Nahrungsbrei befindlichen Mikroorganismen freigesetzt, die im sich anschließenden Dünndarm resorbiert werden.

Durch die lange Aufenthaltszeit der Nahrung im Wiederkäuermagen, die dort ständig vermischt und schließlich auch eingedickt wird, bilden sich häufig Bezoarsteine. Bei diesen 'Magensteinen' handelt es sich um verschluckte Haare und Pflanzenfasern, die sich zusammenballen und verkleben und schließlich immer härter werden.

Systematik

Man kann die Wiederkäuer in zwei Gruppen einteilen:

- Die Hirschferkel (Tragulidae) sind die urtümlichste Gruppe. Bei ihnen fehlt der Blättermagen.
- Die Stirnwaffenträger (Pecora) haben stets den oben beschriebenen vierkammerigen Magen. Namensgebendes Merkmal sind die bei diesen Tieren meist vorhandenen Stirnwaffen. Sie lassen sich in fünf Familien aufteilen:
  - Giraffenartige (Giraffidae)
  - Moschushirsche (Moschidae)
  - Gabelhornträger (Antilocapridae)
  - Hirsche (Cervidae)
  - Hornträger (Bovidae)

Tiere mit ähnlichem Verdauungssystem

Unabhängig von den Wiederkäuern haben einige andere Tiergruppen ebenfalls einen gekammerten Magen entwickelt, mit dem sie die Nahrung auf fast dieselbe Weise verdauen. Dazu zählen die Kamele, die Flusspferde, die Nabelschweine, die Faultiere, die Schlank- und Stummelaffen und die Kängurus. Der Hoatzin verdaut ähnlich wie Wiederkäuer, jedoch sind hier das untere Ende der Speiseröhre und der Kropf zu Vormägen umgebildet.[2]

Die Wale sind mit den Flusspferden verwandt und haben von ihren landlebenden Vorfahren den gekammerten Magen geerbt. Ihr Magen funktioniert jedoch nicht als Wiederkäuermagen, da sie sich von tierischer Nahrung ernähren. Grauwale, Grönlandwale und Zwergwale nutzen Bakterien, um das Chitinskelett des Krills zu verdauen. [2]

Quellen

[1] Forschungsbericht der Uni Bonn: http://www.usl.uni-bonn.de/pdf/Forschungsbericht%20122.pdf

[2] C. EDWARD STEVENS AND IAN D. HUME: *Contributions of Microbes in Vertebrate Gastrointestinal Tract to Production and Conservation of Nutrients.* PHYSIOLOGICAL REVIEWS Vol. 78 No. 2 April 1998, pp. 393-427 (http://physrev.physiology.org/cgi/content/full/78/2/393#BIBL)

Weblinks

Anatomie und Funktion des Verdauungstrakts der Wiederkäuer auf www.tierklinik.de (http://www.tierklinik.de/medizin.php?content=00260#wiederkaeuer)

Hornträger

Hornträger	

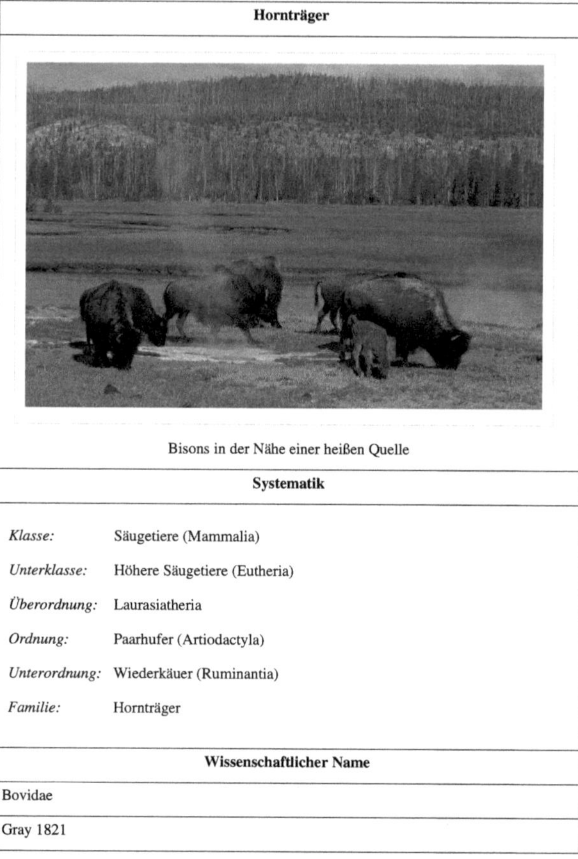

Bisons in der Nähe einer heißen Quelle

Systematik	
Klasse:	Säugetiere (Mammalia)
Unterklasse:	Höhere Säugetiere (Eutheria)
Überordnung:	Laurasiatheria
Ordnung:	Paarhufer (Artiodactyla)
Unterordnung:	Wiederkäuer (Ruminantia)
Familie:	Hornträger

Wissenschaftlicher Name
Bovidae
Gray 1821

Die **Hornträger** (Bovidae) oder **Rinderartigen** sind eine Familie der Wiederkäuer, die wiederum zu den Paarhufern zählen. Diese große Familie umfasst unter anderem Rinder, Schafe, Ziegen und verschiedene Antilopen.

Merkmale

Insgesamt gehören 140 Arten zu dieser Familie, die vom 1000 kg schweren Bison bis zu den etwa 5 kg leichten Dikdiks reicht. Kennzeichnend sind die Hörner: Es sind fast immer zwei an der Zahl (Ausnahmen: Vierhornantilope, Jakobsschaf), die in der Länge von 2 cm bis über 1,50 Meter reichen können. Bei vielen Arten haben nur die Männchen Hörner, bei den meisten aber beide Geschlechter. Es handelt sich um Knochenstrukturen, die fest mit dem Schädel verbunden sind; umgeben sind sie von einer Scheide aus Horn. Anders als bei Hirschen und Gabelhornträgern werden die Hörner nicht abgeworfen und sind niemals verzweigt.

Die allermeisten Hornträger bewohnen offenes Gelände. So bieten die afrikanischen Savannen zahlreichen Arten einen idealen Lebensraum. Es gibt aber auch Arten, die in Gebirgen oder in Wäldern leben.

Evolution

Erdgeschichtlich sind Hornträger eine sehr junge Tiergruppe. Zu den ältesten bekannten Fossilien, die ihnen sicher zugewiesen werden können, gehört die Gattung *Eotragus* aus dem Miozän. Diese Tiere ähnelten heutigen Duckerantilopen, waren niemals größer als Rehe und hatten sehr kleine Hörner. Noch während des Miozäns kam es zur Diversifizierung innerhalb der Gruppe, und im Pliozän waren alle wichtigen Linien der Hornträger bereits vertreten. Während sie im Miozän in Europa, Asien und Afrika bereits vertreten waren, konnten sie erst während des Pleistozäns über die eiszeitlichen Landbrücken nach Nordamerika gelangen. In Südamerika gab es nie wilde Hornträger, ebenso wenig in Australien. Domestizierte Arten sind aber in nahezu alle Länder gebracht worden.

Systematik

Klassische Systematik

Die hier vorgestellte Systematik folgt im Wesentlichen Wilson & Reeder (2005); eine Kritik des Systems folgt weiter unten.

- Unterfamilie **Ducker** (Cephalophinae)
  - Gattung *Philantomba*
    - Maxwell-Ducker (*Philantomba maxwelli*)
    - Blauducker (*Philantomba monticola*)
  - Gattung *Sylvicapra*
    - Kronenducker (*Sylvicapra grimmia*)
  - Gattung *Cephalophus*
    - Sansibar-Ducker (*Cephalophus adersi*)
    - Brooke-Ducker (*Cephalophus brookei*)
    - Petersducker (*Cephalophus callipygus*)
    - Schwarzrückenducker (*Cephalophus dorsalis*)
    - Jentink-Ducker (*Cephalophus jentinki*)
    - Weißbauchducker (*Cephalophus leucogaster*)
    - Rotducker (*Cephalophus natalensis*)
    - Schwarzducker (*Cephalophus niger*)
    - Schwarzstirnducker (*Cephalophus nigrifrons*)
    - Ogilby-Ducker oder Fernando-Po-Ducker (*Cephalophus ogilbyi*)
    - Rotflankenducker (*Cephalophus rufilatus*)
    - Gelbrückenducker (*Cephalophus silvicultor*)
    - Abbot-Ducker (*Cephalophus spadix*)
    - Weyns-Ducker (*Cephalophus weynsi*)
    - Zebraducker (*Cephalophus zebra*)
- Unterfamilie **Bovinae** („Waldböcke" und Rinder)
  - Gattung *Tetracerus*
    - Vierhornantilope (*T. quadricornis*)
  - Gattung *Boselaphus*
    - Nilgauantilope (*B. tragocamelus*)
  - Gattung *Tragelaphus*
    - Nyala (*T. angasi*)
    - Bergnyala (*T. buxtoni*)
    - Sitatunga (*T. spekei*)

    - Buschbock (*T. scriptus*)
    - Großer Kudu (*T. strepsiceros*)
    - Kleiner Kudu (*T. imberbis*)
    - Bongo (*T. eurycerus*)
  - Gattung Elenantilopen (*Taurotragus*)
    - Elenantilope (*T. oryx*)
    - Riesen-Elenantilope (*T. derbianus*)
  - Gattung *Pseudoryx*
    - Vietnamesisches Waldrind (*P. nghetinhensis*)
  - Tribus Rinder (Bovini)
    - Gattung Asiatische Büffel (*Bubalus*)
      - Wasserbüffel (*Bubalus arnee*)
      - Tamarau (*Bubalus mindorensis*)
      - Flachland-Anoa (*Bubalus depressicornis*)
      - Berg-Anoa (*Bubalus quarlesi*)
    - Gattung *Syncerus*
      - Afrikanischer Büffel (*Syncerus caffer*)
    - Gattung *Pelorovis* †
      - Pelorovis antiquus
    - Gattung Eigentliche Rinder (*Bos*)
      - Auerochse (*Bos primigenius*) †, mit dem davon abstammendem Hausrind
      - Kouprey (*Bos sauveli*) †
      - Banteng (*Bos javanicus*)
      - Gaur (*Bos gaurus*)
      - Yak (*Bos mutus*)
    - Gattung Bisons (*Bison*)
      - Amerikanischer Bison (*Bison bison*)
      - Wisent (*Bison bonasus*)
- Unterfamilie **Kuhantilopen** (Alcelaphinae)
  - Gattung *Alcelaphus*
    - Kuhantilope (*Alcelaphus buselaphus*)
    - Südliche Kuhantilope (*Alcelaphus caama*)
    - Lichtenstein-Antilope (*Alcelaphus lichtensteinii*)
  - Gattung Gnus (*Connochaetes*)
    - Weißschwanzgnu (*Connochaetes gnou*)
    - Streifengnu (*Connochaetes taurinus*)
  - Gattung *Beatragus*
    - Hunter-Antilope (*Beatragus hunteri*)
  - Gattung *Damaliscus*
    - Buntbock (*Damaliscus pygargus*)
    - Leierantilope (*Damaliscus lunatus*; umfasst möglicherweise mehrere Arten)
- Unterfamilie **Pferdeböcke** (Hippotraginae)
  - Gattung *Addax*
    - Mendesantilope (*Addax nasomaculatus*)

- Gattung Oryxantilopen (*Oryx*)
  - Säbelantilope (*Oryx dammah*)
  - Arabische Oryx (*Oryx leucoryx*)
  - Spießbock (*Oryx gazella*)
  - Ostafrikanische Oryx (*Oryx beisa*)
- Gattung *Hippotragus*
  - Blaubock † (*Hippotragus leucophaeus*)
  - Pferdeantilope (*Hippotragus equinus*)
  - Rappenantilope (*Hippotragus niger*)
- Unterfamilie **Reduncinae**
  - Gattung *Pelea*
    - Rehantilope (*Pelea capreolus*)
  - Gattung Riedböcke (*Redunca*)
    - Gemeiner Riedbock (*Redunca redunca*)
    - Großer Riedbock (*Redunca arundinum*)
    - Bergriedbock (*Redunca fulvorufula*)
  - Gattung Wasserböcke (*Kobus*)
    - Kob (*Kobus kob*)
    - Puku (*Kobus vardonii*)
    - Gemeiner Wasserbock (*Kobus ellipsiprymnus*)
    - Letschwe (*Kobus leche*)
    - Weißnacken-Moorantilope (*Kobus megaceros*)
- Unterfamilie **Aepycerotinae**
  - Gattung *Aepyceros*
    - Impala (*Aepyceros melampus*)
- Unterfamilie **Gazellenartige** (Antilopinae)
  - Gattung *Oreotragus*
    - Klippspringer (*Oreotragus oreotragus*)
  - Gattung *Neotragus*
    - Kleinstböckchen (*Neotragus pygmaeus*)
    - Batesböckchen (*Neotragus batesi*)
    - Moschusböckchen (*Neotragus moschatus*)
  - Gattung *Ourebia*
    - Bleichböckchen (*Ourebia ourebi*)
  - Gattung Dikdiks (*Madoqua*)
    - Eritrea-Dikdik (*Madoqua saltiana*)
    - Silberdikdik (*Madoqua piacentinii*)
    - Günther-Dikdik (*Madoqua guentheri*)
    - Kirk-Dikdik (*Madoqua kirki*)
  - Gattung *Dorcatragus*
    - Beira (*Dorcatragus megalotis*)
  - Gattung *Raphicerus*
    - Steinböckchen (*Raphicerus campestris*)
    - Kap-Greisbock (*Raphicerus melanotis*)

    - Sharpe-Greisbock (*Raphicerus sharpei*)
  - Gattung Kurzschwanzgazellen (*Procapra*)
    - Tibet-Gazelle (*Procapra picticaudata*)
    - Przewalski-Gazelle (*Procapra przewalskii*)
    - Mongolische Gazelle (*Procapra gutturosa*)
  - Gattung Saigas (*Saiga*)
    - Saiga (*Saiga tatarica*)
    - Mongolische Saiga (*Saiga borealis*)
  - Gattung *Litocranius*
    - Giraffengazelle (*Litocranius walleri*)
  - Gattung *Ammodorcas*
    - Stelzengazelle (*Ammodorcas clarkei*)
  - Gattung *Antidorcas*
    - Springbock (*Antidorcas marsupialis*)
  - Gattung *Antilope*
    - Hirschziegenantilope (*Antilope cervicapra*)
  - Gazellen (Gattungen *Eudorcas*, *Gazella* und *Nanger*)
    - Rotstirngazelle (*Eudorcas rufifrons*)
    - Algerische Gazelle (*Eudorcas rufina*) †
    - Thomsongazelle (*Eudorcas thomsonii*)
    - Arabische Gazelle (*Gazella arabica*) †
    - Indische Gazelle (*Gazella bennettii*)
    - Cuviergazelle (*Gazella cuvieri*)
    - Dorkasgazelle (*Gazella dorcas*)
    - *Gazella erlangeri*
    - Edmigazelle (*Gazella gazella*)
    - Dünengazelle (*Gazella leptoceros*)
    - Saudi-Gazelle (*Gazella saudiya*)
    - Spekegazelle (*Gazella spekei*)
    - Kropfgazelle (*Gazella subgutturosa*)
    - Damagazelle (*Nanger dama*)
    - Grantgazelle (*Nanger granti*)
    - Sömmerringgazelle (*Nanger soemmerringii*)
- Unterfamilie **Ziegenartige** (Caprinae)
  - Gattung *Pantholops*
    - Tschiru (*Pantholops hodgsoni*)
  - Gattung Gorale (*Naemorhedus*)
    - Roter Goral (*Naemorhedus baileyi*)
    - Langschwanzgoral (*Naemorhedus caudatus*)
    - Grauer Goral (*Naemorhedus goral*)
    - Chinesischer Goral (*Naemorhedus griseus*)
  - Gattung Seraue (*Capricornis*)
    - Südlicher Serau (*Capricornis sumatraensis*)
    - Chinesischer Serau (*Capricornis milneedwardsii*)
    - Roter Serau (*Capricornis rubidus*)

  - Himalaya-Serau (*Capricornis thar*)
  - Taiwan-Serau (*Capricornis swinhoei*)
  - Japanischer Serau (*Capricornis crispus*)
- Gattung *Oreamnos*
  - Schneeziege (*Oreamnos americanus*)
- Gattung *Rupicapra*
  - Gämse (*Rupicapra rupicapra*)
  - Pyrenäen-Gämse (*Rupicapra pyrenaica*)
- Gattung *Myotragus* †
  - Höhlenziege (*Myotragus balearicus*) †
- Gattung *Budorcas*
  - Takin (*Budorcas taxicolor*)
- Gattung *Ovibos*
  - Moschusochse (*Ovibos moschatus*)
- Gattung Schafe (*Ovis*)
  - Wildschaf (*Ovis orientalis*, Mufflon und Urial), daraus wurde das Hausschaf domestiziert
  - Argali (*Ovis ammon*)
  - Schneeschaf (*Ovis nivicola*)
  - Dall-Schaf (*Ovis dalli*)
  - Dickhornschaf (*Ovis canadensis*)
- Gattung *Ammotragus*
  - Mähnenspringer (*Ammotragus lervia*)
- Gattung *Pseudois*
  - Blauschaf (*Pseudois nayaur*)
  - Zwergblauschaf (*Pseudois schaeferi*)
- Gattung Tahre (*Hemitragus*)
  - Himalaya-Tahr (*Hemitragus jemlahicus*)
  - Arabischer Tahr (*Hemitragus jayakiri*)
  - Nilgiri-Tahr (*Hemitragus hylocrius*)
- Gattung Ziegen (*Capra*)
  - Äthiopischer Steinbock (*Capra walie*)
  - Sibirischer Steinbock (*Capra sibirica*)
  - Alpensteinbock (*Capra ibex*)
  - Syrischer Steinbock oder Nubischer Steinbock (*Capra nubiana*)
  - Schraubenziege (*Capra falconeri*)
  - Wildziege (*Capra aegagrus*), daraus wurde die Hausziege domestiziert
  - Westkaukasischer Steinbock (*Capra caucasica*)
  - Ostkaukasischer Steinbock (*Capra cylindricornis*)
  - Iberiensteinbock (*Capra pyrenaica*)

Die Antilopen bilden kein Taxon innerhalb der Hornträger; der Begriff „Antilope" ist lediglich eine Sammelbezeichnung für schlanke, tropische Hornträger, der nichts mit den Verwandtschaftsverhältnissen zu tun hat.

Andere Systeme

In Wilson: *Mammal Species of the World* (1993) wurde erstmals die Rehantilope aus den Böckchen ausgegliedert und in eine eigene Unterfamilie Peleinae gestellt. Diese stellt nach Meinung mancher Zoologen die ursprünglichste lebende Linie innerhalb der Hornträger dar. Außerdem wurden Tschiru und Saiga in diesem Werk nicht zu den Ziegenartigen, sondern zu den Gazellenartigen gestellt.

Ein weiterer Versuch einer Systematik wurde in Gentry: *The subfamilies and tribes of the family Bovidae* (1992) unternommen. Nach einer kladistischen Analyse der Skelettmerkmale von 112 Arten kam er zu dem Schluss, dass Ducker und Rinder trotz ihrer großen Verschiedenheit dicht verwandt seien und in einer gemeinsamen Unterfamilie Bovinae zusammengefasst werden müssten. Das Impala wurde hier den Kuhantilopen zugeordnet, die Rehantilope und die Saiga den Gazellenartigen.

Kladistik

Ein mögliches Kladogramm der Hornträger sieht folgendermaßen aus:

Gazellenartige (Antilopinae)

N.N. Ducker (Cephalophinae)

Reduncinae

Aegodontia

Hornträger (Bovidae)

Impala (Aepycerotinae)

N.N.

N.N. Kuhantilopen (Alcelaphinae)

Pferdeböcke (Hippotraginae)

Bovinae

Wie die oben genannten Streitpunkte zeigen, gibt es jedoch auch andere Ansätze, sodass dieses Kladogramm nur eine von mehreren in der Diskussion stehenden Varianten darstellt.

Literatur

- D. E. Wilson, D. M. Reeder: *Mammal Species of the World.* Johns Hopkins University Press, Baltimore 2005. ISBN 0-8018-8221-4

Weblinks

- Ausführliche Informationen auf ultimateungulate.com [1]

References

[1] http://www.ultimateungulate.com/Cetartiodactyla/Bovidae.html#Phylogeny

Bovinae

Bovinae	
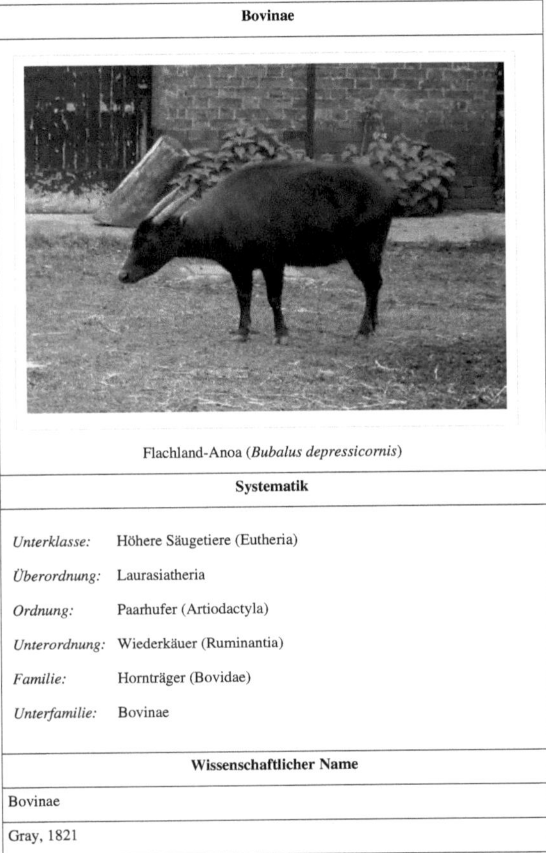 Flachland-Anoa (*Bubalus depressicornis*)	
Systematik	
Unterklasse:	Höhere Säugetiere (Eutheria)
Überordnung:	Laurasiatheria
Ordnung:	Paarhufer (Artiodactyla)
Unterordnung:	Wiederkäuer (Ruminantia)
Familie:	Hornträger (Bovidae)
Unterfamilie:	Bovinae
Wissenschaftlicher Name	
Bovinae	
Gray, 1821	

Die **Bovinae** sind eine Unterfamilie der Hornträger (Bovidae). Sie umfassen hauptsächlich die im deutschen als Rinder und Waldböcke bezeichneten Tiere.

Allgemeines

Es handelt sich um relativ große Tiere, wobei die größten Arten ein Gewicht von über 1000 Kilogramm erreichen können. Die Männchen sind oft deutlich größer als die Weibchen, sie tragen glatte Hörner. Bei einigen Gruppen (wie den Rindern und den Elenantilopen) haben auch die Weibchen Hörner, diese sind aber kleiner. Die für viele Hornträger typischen Drüsen unter den Augen oder zwischen den Zehen fehlen ihnen, stattdessen besitzen sie charakteristische Duftdrüsen an den Afterklauen der Hinterbeine.

Die Tiere dieser Gruppe sind in Eurasien, Afrika und Nordamerika beheimatet. Einige Arten wurden domestiziert und sind heute bedeutende Nutztiere, viele wildlebende Arten jedoch in ihrem Bestand bedroht.

Systematik

Folgende Tribus, Gattungen und Arten werden unterschieden:

- Tribus Boselaphini
  - Gattung *Tetracerus*
    - Vierhornantilope (*T. quadricornis*)
  - Gattung *Boselaphus*
    - Nilgauantilope (*B. tragocamelus*)
- Tribus Tragelaphini
  - Gattung *Tragelaphus*
    - Nyala (*T. angasii*)
    - Bergnyala (*T. buxtoni*)
    - Sitatunga (*T. spekii*)
    - Buschbock (*T. scriptus*)
    - Großer Kudu (*T. strepsiceros*)
    - Kleiner Kudu (*T. imberbis*)
    - Bongo (*T. eurycerus*)
  - Gattung Elenantilopen (*Taurotragus*)
    - Elenantilope (*T. oryx*)
    - Riesen-Elenantilope (*T. derbianus*)
- Tribus Pseudorygini
  - Gattung *Pseudoryx*
    - Vietnamesisches Waldrind (*P. nghetinhensis*)
- Tribus Rinder (Bovini)
  - Gattung Asiatische Büffel (*Bubalus*)
    - Wasserbüffel (*Bubalus bubalis*)
    - Tamarau (*Bubalus mindorensis*)
    - Flachland-Anoa (*Bubalus depressicornis*)
    - Berg-Anoa (*Bubalus quarlesi*)
  - Gattung *Syncerus*
    - Afrikanischer Büffel (*Syncerus caffer*)
  - Gattung Eigentliche Rinder (*Bos*)
    - Auerochse (*Bos taurus*), mit dem davon abstammendem Hausrind (*B. t. taurus*) und Zebu (*B. t. indicus*)
    - Kouprey (*Bos sauveli*)
    - Banteng (*Bos javanicus*)
    - Gaur (*Bos frontalis*)
    - Yak (*Bos grunniens*)
  - Gattung Bisons (*Bison*)
    - Amerikanischer Bison (*Bison bison*)
    - Wisent (*Bison bonasus*)

Boselaphini und Tragelaphini werden als „Waldböcke" bezeichnet. Da aber die Boselaphini vermutlich das Schwestertaxon aller übrigen Bovinae sind, sind die Waldböcke paraphyletisch. Das Vietnamesische Waldrind, das hier in einer eigenen Gattungsgruppe geführt wird, ist nahe mit den Rindern verwandt und wird manchmal auch in diese Gruppe eingeordnet.

Literatur

- D. E. Wilson, D. M. Reeder: *Mammal Species of the World.* Johns Hopkins University Press, Baltimore 2005. ISBN 0-8018-8221-4

Weblinks

- Bovinae auf Ultimateungulate.com [1]

Asiatische_Büffel

Asiatische Büffel	
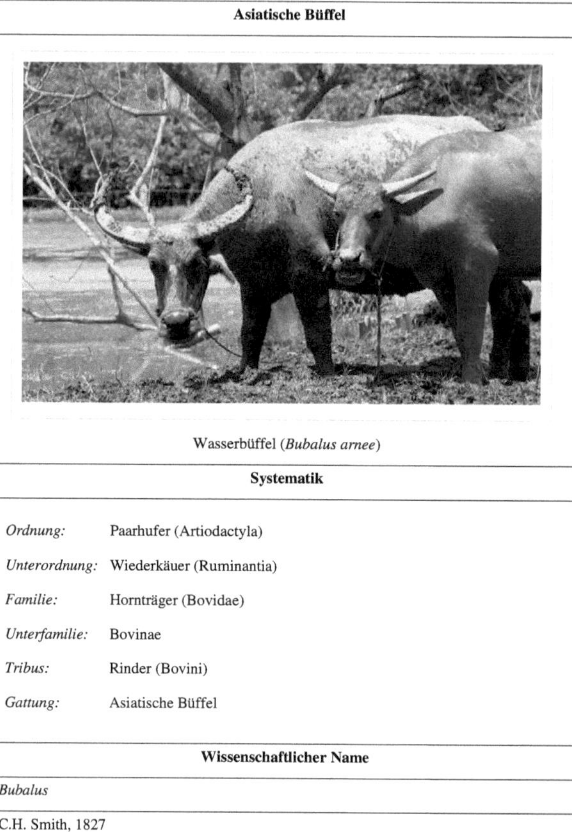 Wasserbüffel (*Bubalus arnee*)	
Systematik	
Ordnung:	Paarhufer (Artiodactyla)
Unterordnung:	Wiederkäuer (Ruminantia)
Familie:	Hornträger (Bovidae)
Unterfamilie:	Bovinae
Tribus:	Rinder (Bovini)
Gattung:	Asiatische Büffel
Wissenschaftlicher Name	
Bubalus	
C.H. Smith, 1827	

Die **Asiatischen Büffel** (*Bubalus*) sind eine Gattung der Rinder, die in vier Arten über Süd- und Südostasien verbreitet sind. In geschichtlicher Zeit reichte ihr Verbreitungsgebiet westwärts bis Vorderasien und nordwärts bis China, in der letzten Eiszeit umschloss es auch Nordafrika. Durch den Menschen wurden Asiatische Büffel außerdem auf andere Kontinente gebracht.

Nur der Wasserbüffel (*Bubalus arnee*) hat eine weite Verbreitung und einen hohen Bekanntheitsgrad. Die übrigen Arten asiatischer Büffel sind auf kleine Inseln beschränkt:

- Tamarau (*Bubalus mindorensis*)
- Flachland-Anoa (*Bubalus depressicornis*)
- Berg-Anoa (*Bubalus quarlesi*)

Der Tamarau kommt nur auf der philippinischen Insel Mindoro vor. Die beiden letztgenannten Arten bilden die Untergattung der Anoas (*Anoa*) und werden gelegentlich als eine Art zusammengefasst. Sie sind auf der indonesischen Insel Sulawesi und der kleinen Nachbarinsel Buton endemisch. In Europa kam im Pleistozän ebenfalls eine Art, der Europäische Wasserbüffel (*Bubalus murrensis*) vor.

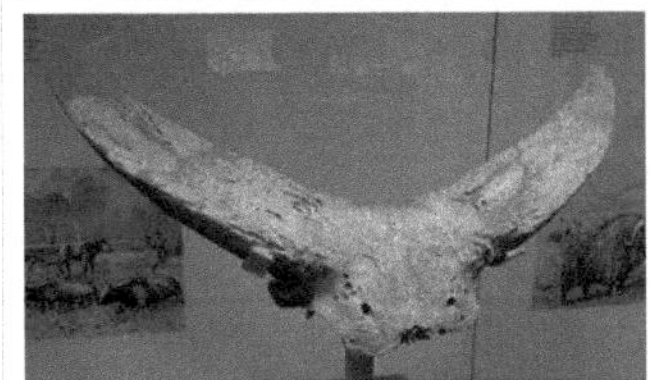

Schädel des Europäischen Wasserbüffels *Bubalus murrensis*

Literatur

- D. E. Wilson, D. M. Reeder: *Mammal Species of the World.* Johns Hopkins University Press, Baltimore 2005. ISBN 0-8018-8221-4

Flachland-Anoa

Flachland-Anoa	
 Flachland-Anoa	
Systematik	
Unterordnung:	Wiederkäuer (Ruminantia)
Familie:	Hornträger (Bovidae)
Unterfamilie:	Bovinae
Tribus:	Rinder (Bovini)
Gattung:	Asiatische Büffel (*Bubalus*)
Art:	Flachland-Anoa
Wissenschaftlicher Name	
Bubalus depressicornis	
(H. Smith, 1827)	

Der **Flachland-Anoa** (*Bubalus depressicornis*) ist eine auf der indonesischen Insel Sulawesi endemische Rinderart. Er ist eng mit dem Berg-Anoa verwandt, mit dem er manchmal zu einer einzigen Art zusammengefasst wird.

Zeichnung zweier Flachland-Anoas

Merkmale

Flachland-Anoas erreichen eine Kopfrumpflänge von rund 160 bis 170 Zentimetern, eine Schulterhöhe von 70 bis 106 Zentimetern und ein Gewicht von 150 Kilogramm (Weibchen) beziehungsweise 300 Kilogramm (Männchen) und zählen damit zu den kleineren Rinderarten. Ausgewachsene Tiere sind fast haarlos und haben eine schwarze oder braune Farbe. Sie haben meist helle Vorderbeine und weiße Fellzeichnung an der Kehle und im Gesicht. Beide Geschlechter tragen 18 bis 37 Zentimeter lange Hörner mit einem dreieckigen Querschnitt. Von den Berg-Anoas unterscheiden sie sich durch einen längeren Schwanz, die weißen Fellzeichnungen und die längeren Hörner.

Lebensweise

Lebensraum der Flachland-Anoas sind tiefer gelegene Wälder und Sumpfgebiete. Sie leben einzelgängerisch und begeben sich vorwiegend in den Morgenstunden auf Nahrungssuche, während sie den Rest des Tages in dichter Vegetation verbringen. Ihre Nahrung besteht ausschließlich aus Pflanzen.

Die Tragzeit beträgt 276 bis 315 Tage, danach bringt das Weibchen ein einzelnes Jungtier zur Welt. Kälber tragen zunächst ein dichtes, gelbbraunes Haarkleid, das während ihrer Jugend ausfällt. Nach sechs bis neun Monaten werden die Jungtiere entwöhnt und erreichen die Geschlechtsreife mit zwei bis drei Jahren. Die Lebenserwartung der Tiere liegt bei bis zu 20 Jahren.

Bedrohung

Die Bejagung und die Zerstörung ihres Lebensraums haben zu einem drastischen Rückgang der Populationen geführt. Die IUCN schätzt die Gesamtpopulation auf 3000 bis 5000 Tiere und listet den Flachland-Anoa als stark gefährdet (*endangered*).

Literatur

- Ronald M. Nowak: *Walker's Mammals of the World.* Johns Hopkins University Press, 1999 ISBN 0-8018-5789-9

Weblinks

- Informationen samt Fotos und Verbreitungskarte auf ultimateungulate.com [1]
- *Bubalus depressicornis* [2] in der Roten Liste gefährdeter Arten der IUCN 2006. Eingestellt von: S. Hedges, 2000. Abgerufen am 28.5.2007

References

[1] http://www.ultimateungulate.com/Artiodactyla/Bubalus_depressicornis.html
[2] http://www.iucnredlist.org/apps/redlist/details/3126/0

Sulawesi

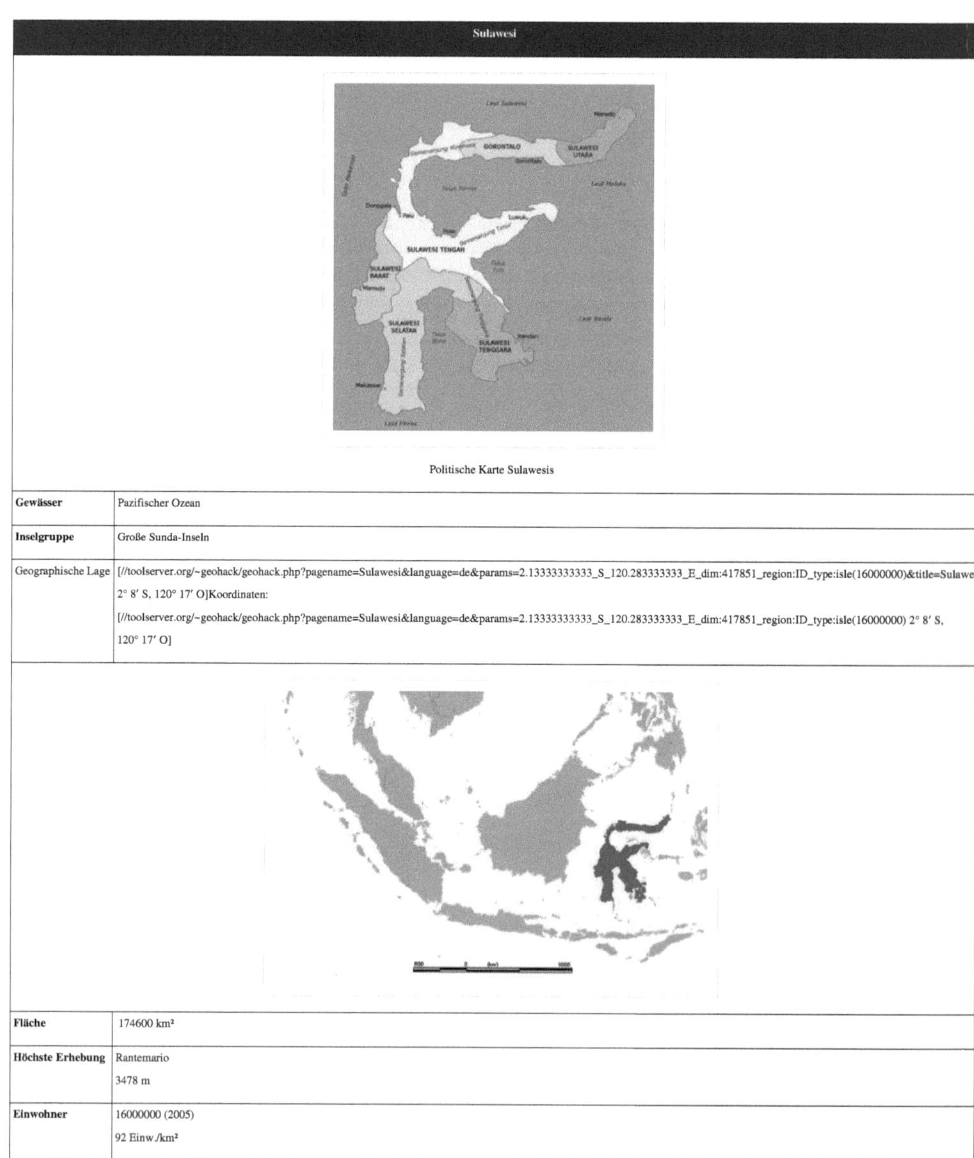

Sulawesi	
Politische Karte Sulawesis	
Gewässer	Pazifischer Ozean
Inselgruppe	Große Sunda-Inseln
Geographische Lage	[//toolserver.org/~geohack/geohack.php?pagename=Sulawesi&language=de¶ms=2.13333333333_S_120.283333333_E_dim:417851_region:ID_type:isle(16000000)&title=Sulawesi 2° 8′ S, 120° 17′ O]Koordinaten: [//toolserver.org/~geohack/geohack.php?pagename=Sulawesi&language=de¶ms=2.13333333333_S_120.283333333_E_dim:417851_region:ID_type:isle(16000000) 2° 8′ S, 120° 17′ O]
Fläche	174600 km²
Höchste Erhebung	Rantemario 3478 m
Einwohner	16000000 (2005) 92 Einw./km²

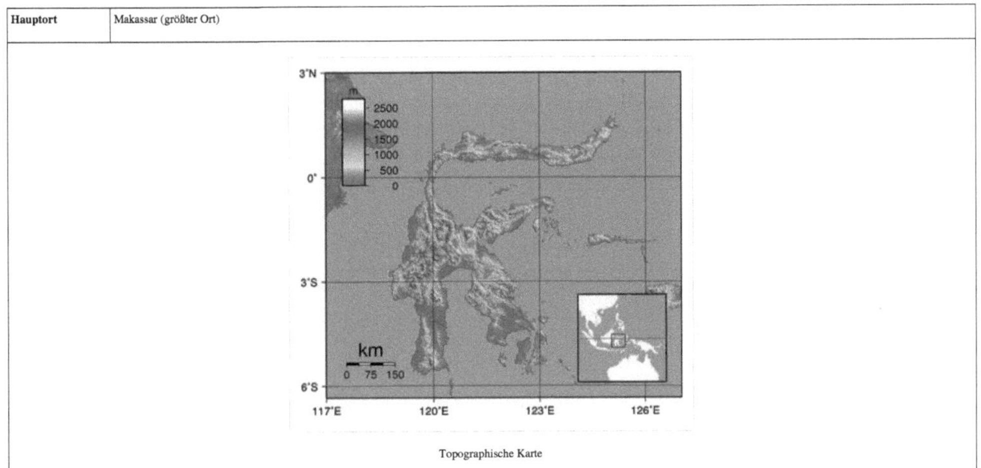

Hauptort	Makassar (größter Ort)

Topographische Karte

Sulawesi (früher *Celebes*) ist eine indonesische Insel zwischen Borneo und Neuguinea mit einer Fläche von 189.216 km². Die Bevölkerung konzentriert sich im Südwesten um Makassar – ehemals *Ujung Pandang* – und im Norden um Manado, Gorontalo, Poso, Palu und Luwuk.

Die Insel ist vulkanischen Ursprungs und daher stark gegliedert und von sehr unregelmäßiger Gestalt; ihre Form erinnert an eine Orchidee oder Krake. Von der Celebessee im Norden führt die Makassarstraße im Westen von Sulawesi in die Javasee. Sie wird im nördlichen Teil vom Äquator geschnitten, was für das zentrale Bergland starke Niederschläge das ganze Jahr über bedeutet. Die Folge ist eine üppige Vegetation mit dichtem Regen- und Hochnebelwald, in dem vereinzelt indigene Gruppen leben.

An der nordöstlichen Spitze von Sulawesi befindet sich die Insel Siau mit dem Schichtvulkan Gunung Karangetang, der Ende Juli 2006 ausgebrochen ist.

Bevölkerung

Die Bevölkerung, rund 14,9 Mio. (Stand 2004), ist stark gegliedert; bekannt sind die Makassaren und Bugis von der Südwesthalbinsel, beides einst gefürchtete Piraten, die Toraja im zentralen Hochland, deren Bestattungsbräuche touristisches Interesse gefunden haben, sowie die Minahasa um Manado. Die Sprachen und traditionellen Kulturen der einzelnen Bevölkerungsgruppen unterscheiden sich wegen der jahrhundertelangen relativen gegenseitigen Isolation durch das stark von Gebirgskämmen zergliederte Relief oft völlig voneinander.

Muslime stellen mit 80 Prozent die Mehrheit, 19 Prozent sind Christen (davon gehören 17 Prozent verschiedenen protestantischen Glaubensrichtungen an, zwei Prozent sind katholisch). Der Islam ist bis auf einige Bergregionen in Sulawesi überall verbreitet.

Religion und Religiöse Konflikte

Sulawesi wurde seit dem 15. Jahrhundert islamisiert, als der Islam in Indonesien Fuß fasste. Zuvor waren u. a. Buddhismus und Hinduismus vorherrschend, die aber stark von eigenen Traditionen durchdrungen waren. Der Islam vermischte sich ebenfalls mit traditionellen Glaubensvorstellungen. Mittlerweile praktiziert die Mehrheit der Muslime in Sulawesi aber einen orthodoxen Islam nach arabischem Vorbild. Zwischen 1998 und 2001 gab es immer wieder Konflikte zwischen Christen und Muslimen, die in den Jahren 2000/2001 einen blutigen Höhepunkt erreichten, als islamisch-fundamentalistische Milizionäre aus Java und Sumatra in die Kämpfe eingriffen, ohne dass die indonesischen Sicherheitskräfte etwas dagegen unternahmen.[1] Über 1.000 Menschen wurden in Gewalt und Ausschreitungen und in ethnischen Säuberungen in Zentral-Sulawesi getötet. Die Gewalt erfolgte zwischen den Muslimen und Christen der Insel. Das Malino-Friedensabkommen wurde im Jahr 2001 gemacht. Dies führte jedoch nicht zur Beendigung der Gewalt. In den folgenden Jahren blieben Spannung und systematische Angriffe. Im Jahr 2003 wurden 13 christliche Dorfbewohner im Bezirk Poso von unbekannten maskierten Bewaffneten getötet. Und im Jahr 2005 wurden drei christliche Schülerinnen in Poso von militanten Islamisten enthauptet. Zu Ausschreitungen kam es erneut im September 2006 in den christlich dominierten Gebieten Zentral-Sulawesis, sowie anderen Teilen von Indonesien, nach der Erschießung von Fabianus Tibo, Dominggus da Silva und Marinus Riwu, drei Katholiken verurteilt als führende christlichen Kämpfer während der Gewalt Anfang der 2000er Jahre. Ihre Anhänger beklagten, dass die Muslime, die an der Gewalt beteiligt waren, nur sehr milde Strafen erhielten und keiner zum Tode verurteilt wurde.

Vorgeschichte

Die Besiedlung von Süd-Sulawesi durch den modernen Menschen ist von ca. 30.000 v. Chr. an auf der Grundlage der Radiokarbondaten von Abris in Maros belegt. Ein früherer Nachweis menschlicher Besiedlung konnte nicht gefunden worden, aber die Insel war fast sicher Teil der Landbrücke für die Besiedlung von Australien und Neuguinea um 40.000 v. Chr. Es gibt keine Anzeichen dafür, dass der *Homo erectus* Sulawesi erreichte. Primitive Steinwerkzeuge, die 1947 auf dem rechten Ufer des Flusses Walennae bei Berru entdeckt wurden, und die man auf der Grundlage ihrer Verbindung mit Wirbeltier-Fossilien ins Pleistozän datiert hatte, werden jetzt um 50.000 v. Chr. datiert.

Megalith in Zentral-Sulawesi

Nach Bellwoods Modell einer südwärts gerichteten Migration von austronesischen Bauern legen Radiokarbondaten aus Höhlen in Maros nahe, dass eine Gruppe aus dem Osten Borneos, die eine Proto-Süd-Sulawesische Sprache (PSS) sprach, um die Mitte des zweiten Jahrtausends v. Chr. Sulawesi erreichte. Eine erste Besiedlung erfolgte wahrscheinlich um die Mündung des Flusses Sa'dan an der nordwestlichen Küste der Halbinsel, obwohl es für die Südküste auch Mutmaßungen gibt. Nachfolgende Wanderungen über die bergige Landschaft führten zur geografischen Isolation der PSS-Sprecher und zur Aufspaltung ihrer Sprache in die acht Familien der Süd-Sulawesi-Sprachgruppe. Das Ursprungsgebiet der Bugis - heute die größte Gruppe - lag um die Seen Tempe und Sidénréng in der Walennaé-Senke. Hier lebte die sprachliche Gruppe, die zu den modernen Bugis-Sprechern wurde, für etwa 2.000 Jahre; der archaische Name dieser Gruppe, der in anderen lokalen Sprachen bewahrt wurde, war Ugiq. Trotz der Tatsache, dass sie heute eng mit dem Makasar, sind die Toraja sprachlich die nächsten Nachbarn der Bugis. Aus der Bronzezeit stammen in Zentral-Sulawesi (Bada-Tal) gefundene Megalithe und ausgehöhlte Steine. Diese Megalithe stellen meistens Männer dar (75%) und haben weder Arme noch Beine; Geschlechtsteile sind aber dargestellt. Es ist bis heute allerdings noch ungeklärt, ob sie in direkter Verbindung mit den Megalithen der Jetztzeit zu sehen sind oder ob es mehrere „Steinzeiten" gab.

Die Bugis-Gesellschaft war vor 1200 v. Chr. in kleinen Häuptlingstümern organisiert, die gegeneinander Krieg führten. Kopfjagd war eine etablierte kulturelle Praxis. Die Wirtschaftsform war eine Mischung aus Jäger- und Sammlertum sowie Brandrodung oder Wanderfeldbau. Spekulation ist die Anpflanzung von Naßreis entlang der Ränder von Seen und Flüssen.

Geschichte

Ab dem 13. Jahrhundert verändert der Zugang zu prestigeträchtigen Handelsgütern und zu Eisenvorkommen langjährige kulturelle Muster und ehrgeizigen Individuen ist es nun möglich, größere politische Einheiten aufzubauen. Ab 1400 entstand eine Reihe von landwirtschaftlich geprägten Fürstentümern im westlichen Cenrana-Tal sowie an der Südküste und an der Westküste in der Nähe des heutigen Pare-Pare. Sulawesi wurde seit dem 15. Jahrhundert islamisiert, als der Islam in Indonesien Fuß fasste. Zuvor waren Buddhismus und Hinduismus vorherrschend, die aber stark von lokalen Traditionen durchdrungen waren. Der Islam vermischte sich ebenfalls mit traditionellen Glaubensvorstellungen.

Die ersten Europäer, die die Insel besuchten (sie glaubten, es sei ein Archipel wegen seiner verzerrten Form) waren portugiesische Seefahrer, die im Jahre 1525 auf der Suche nach Gold von den Molukken kamen. Die Niederländer kamen im Jahr 1605 an, gefolgt von den Engländern, die in Makassar eine Handelsniederlassung gründeten. Ab dem Jahr 1660 waren die Niederlande im Krieg mit Gowa, der damals wichtigsten Makassar-Macht an der Westküste. Im Jahr 1669 zwang Admiral Speelman den Herrscher von Gowa Sultan Hasanuddin mit der Unterzeichnung des Vertrages von Bongaya, die Kontrolle des Handels an die Niederländische Ostindien-Kompanie zu übergeben. Die Niederländer wurden in ihrer Eroberung durch die Bugis unter Kriegsherr Arung Palakka, Herrscher des Bugis-Reiches von Bone, unterstützt. Die Niederländer errichteten eine Festung auf Ujung Pandang (heute Makassar), während Arung Palakka der regionale Herrscher und Bone das beherrschende Reich wurde. Die politische und kulturelle Entwicklung schien sich aber als Folge des Status quo verlangsamt zu haben. Im Jahr 1905 wurde die gesamte Insel Teil der niederländischen Kolonie Niederländisch-Indien und blieb es bis zur japanischen Besatzung im Zweiten Weltkrieg. Im Jahre 1949, nach der indonesischen nationalen Revolution, in der der berüchtigte niederländische Kapitän „Türken"- Westerling zwischen 3.000 bis 4.000 Menschen in Sulawesi ermorden lassen haben soll, wurde Sulawesi Teil der unabhängigen Vereinigten Staaten von Indonesien, die sich im Jahr 1950 in die Republik Indonesien umwandelte.

Sprachen

Wirtschaft

Die wirtschaftliche Entwicklung Sulawesis ist von Provinz zu Provinz sehr unterschiedlich. Nur eines haben alle vier Provinzen der Insel gemeinsam: ein Großteil der Rohstoffe und Produkte wird direkt nach Java ausgeführt. Das traditionelle Handwerk Sulawesis ist die Seidenweberei. Seidensarongs aus Sulawesi besitzen ein spezielles Muster und sind auch auf Bali und Java sehr begehrt. Hauptwirtschaftsfaktoren sind jedoch die Landwirtschaft und der Fischfang.Von Sulawesi stammen ca. 7 % aller Kaffeeexporte Indonesiens. In der Banggai-Region in Zentral-Sulawesi gibt es Nickelvorkommen, in Südost Sulawesi auf der Insel Buton Asphalt, in Gorontalo Erdöl- und Erdgasförderung.

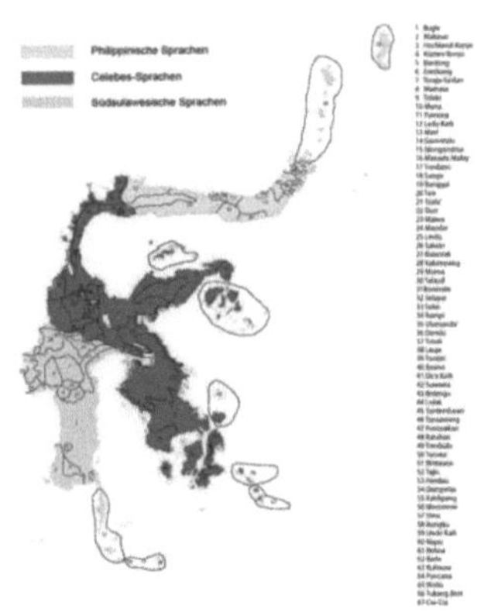

Sprachen Sulawesis

Tourismus

Touristisch interessant ist das Toraja-Gebiet nördlich von Makassar, das zentrale Hochland – insbesondere für Dschungeltouren –, die Tauchgebiete bei Palu, das Gebiet um die Insel Bunaken nördlich von Manado, die Lembeh-Street, die touristisch vollkommen unbekannten Banggai-Inseln (Tauchzeit Oktober bis März) südlich von Luwuk und die zum Teil noch naturbelassenen Togian-Inseln, die seit Oktober 2004 Nationalpark sind.

Auf der Halbinsel Minahassa liegt der Nationalpark Bogani Nani Wartabone. Er wurde von der Wildlife Conservation Society als der wichtigste Standort für die Erhaltung der wild lebenden Tiere auf Sulawesi eingestuft, weil es hier viele endemisch lebende Arten gibt.[2]

Von besonderem Interesse ist das Schutzgebiet Tangkoko Duasaudara im äußersten Nordosten, da es von der Taucherinsel Bunaken bzw. Manado nach einer zweistündigen Fahrt relativ leicht zugänglich ist und hier einige endemische und touristisch besonders attraktive Arten in gut durchwachsenem sekundärwaldartigem Ambiente anzutreffen sind. Dazu gehören Hornvögel, Hammerhühner, zwei Kuskusarten, der Sulawesi-Koboldmaki und wild lebende Horden von Schopfaffen oder -makaken. Auch die im Nationalpark Lore Lindu beheimatete Megalith-Kultur ist bemerkenswert.

Nach fast 50-jähriger Bauzeit zieht sich nun der Trans-Sulawesi-Highway fast 2000 km von der Inselhauptstadt Makassar im Süden nach Manado durch die Insel.

Geographie und Klima

Sulawesi ist geologisch gesehen relativ jung. Geologisch ist Sulawesi und seine Umgebung ein komplexes Gebiet. Die Komplexität wird verursacht von der Konvergenz zwischen drei Lithosphärenplatten: der nordwärtsstrebenden Australischen Platte, der westwärtsstrebenden Pazifischen Platte, sowie die in Südsüdost-Richtung driftende Eurasien-Platte. Durch die starke Gliederung der Insel gibt es jedoch kaum einen Ort auf der Insel, der weiter als 50 km vom Meer entfernt ist. Gebirge mit über 2000 m Höhe kommen in jeder der vier Provinzen vor und machen die Insel mit 68 % Bergland zur gebirgigsten Indonesiens. Der höchste Berg heißt Rantemario (3440 m) und liegt in der Provinz Südsulawesi. Sulawesi ist teils vulkanischen Ursprungs. Die 12 heutzutage noch aktiven Vulkane befinden sich jedoch ausschließlich im Nordteil der Insel. Mitten durch die Insel verläuft der Äquator. Bedingt durch seine Lage, die ausgedehnte Küstenlinie und die weitreichenden Formen seiner Ausläufer liegt Sulawesi im Einflussbereich verschiedenster Windströmungen, die der Insel zu unterschiedlichen Zeiten Regen bringen. Dieser Umstand und die Gebirgigkeit der Insel lassen ein für viele Regionen unterschiedliches Klima entstehen.

Während die Niederschläge im Bergland bis zu 2000 mm Regen im Jahr bringen, sind die südlichen Teile der Inseln Buton und Muna deutlich trockener, mit manchmal nur 200 mm im Jahr.

Flora und Fauna

Die Flora und Fauna Sulawesis weist einige Besonderheiten auf. Die Insel war in ihrer geologischen Geschichte weder mit dem asiatischen Festland, noch mit dem australischen Kontinent verbunden. Trotzdem ist die Insel von einigen größeren Säugetierarten besiedelt worden, darunter der Schopfmakak (*Macaca nigra*), die beiden Kleinrinder Flachland-Anoa (*Bubalus depressicornis*) und Berg-Anoa (*Bubalus quarlesi*) und die Schweine Hirscheber (*Babyrousa celebensis*) und Sulawesi-Pustelschwein (*Sus celebensis*). Auch acht der zehn rezenten Arten von Koboldmakis kommen nur auf Sulawesi vor. Die Beuteltiere sind durch den Bärenkuskus (*Ailurops ursinus*) und den Bodenkuskus (*Strigocuscus celebensis*) vertreten.

Schopfmakak im Schutzgebiet Tangkok

Viele Naturforscher, allen voran Wallace und Weber, haben sich um die Erforschung der Insel verdient gemacht. Sie entdeckten, dass Sulawesi genau im Zwischenbereich der asiatischen und australischen Pflanzen- und Tierwelt liegt, zwischen Wallace-Linie und Weber-Linie. Dieser Umstand ließ eine in vielen Fällen endemische Flora und Fauna entstehen. So sind alleine 12 Vogelgattungen und insgesamt 42 Vogelarten endemisch, von denen viele auf der Roten Liste gefährdeter Arten stehen.[3]

Die Reptilien sind mit fast 120 Arten vertreten, vier Schildkröten[4] , 45 Echsen [5] und 69 Schlangen [6] .

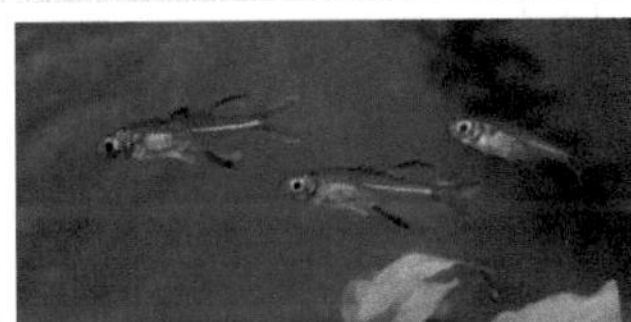

Celebes-Ährenfisch (*Marosatherina ladigesi*)

Die Süßwasserfauna der Insel ist artenreicher als die jeder anderen ostindonesischen Insel. Primäre Süßwasserfische (Süßwasserfische ohne Salztoleranz) gibt es naturgemäß nicht, jedoch kommen die meisten Vertreter der Sulawesi-Regenbogenfische (Telmatherinidae), einer Familie sekundärer Süßwasserfische, die von marinen Vorfahren abstammen, hier vor. Außerdem leben in den Seen und Flüssen Sulawesis Reisfische der Gattung *Adrianichthys*, Halbschnäbler der Gattung *Nomorhamphus*, Grundeln aus der Gattung *Stupidogobius*, die Kiemenschlitzaale *Monopterus albus* und *Ophisternon bengalense*, zwei Flaggenschwänze (*Kuhlia*) und der Schützenfisch (*Toxotes jaculatrix*). Zahlreich sind auch Süßwasserschnecken und Süßwasserkrabben (Parathelphusidae) vertreten. Köcherfliegen (Trichoptera) kommen mit 95 Arten vor. [7]

Seit 1998 weiß man, dass die als lebende Fossilien bekannten Quastenflosser nicht nur bei den Komoren, sondern auch 10.000 km weiter östlich in den Tiefen des Ozeans vor Nord-Sulawesi beheimatet sind (siehe Manado-Quastenflosser (*Latimeria menadoensis*)).

Provinzen

Die Insel gliedert sich in die Provinzen:

- Sulawesi Barat (West-Sulawesi)
- Sulawesi Selatan (Süd-Sulawesi)
- Sulawesi Tenggara (Südost-Sulawesi)
- Sulawesi Tengah (Zentral-Sulawesi)
- Sulawesi Utara (Nord-Sulawesi)
- Gorontalo

Einzelnachweise

[1] GfbV: *Auf Sulawesi droht Massenvertreibung von Christen durch radikal-islamische Laskar Jihad-Anhänger!* (http://www.gfbv.it/2c-stampa/01-3/011205de.html), 5. Dezember 2001
[2] http://www.wcs.org/international/Asia/Indonesia/BoganiNani
[3] BirdLife International - Important Bird Area-Sulawesi (http://stage.birdlife.org/datazone/ebafactsheet.php?id=167)
[4] Reptiles Database: Suchergebnis „Testudines (Schildkröten) + Sulawesi" (http://reptile-database.reptarium.cz/search.php?taxon=Testudines&genus=&species=&subspecies=&author=&year=&common_name=&location=Sulawesi&holotype=&reference=&submit=Search)
[5] Reptiles Database: Suchergebnis „Sauria (Echsen) + Sulawesi" (http://reptile-database.reptarium.cz/search.php?taxon=Serpentes&genus=&species=&subspecies=&author=&year=&common_name=&location=Sulawesi&holotype=&reference=&submit=Search)
[6] Reptiles Database: Suchergebnis „Serpentes (Schlangen) + Sulawesi" (http://reptile-database.reptarium.cz/search.php?taxon=Serpentes&genus=&species=&subspecies=&author=&year=&common_name=&location=Sulawesi&holotype=&reference=&submit=Search)
[7] Petru Banaescu: *Zoogeography of Fresh Waters.* Seite 1373, AULA, Wiesbaden 1990, ISBN 3-89104-480-1

Literatur

- Nigel Barley: *Hello Mister Puttymann.* ISBN 3-423-12580-2. (Der Autor, Mitarbeiter des British Museum in London, zeichnet ein authentisches Bild der einheimischen Toraja-Bevölkerung in Romanform.)
- Maria Blechmann-Antweiler: *Ohne uns geht es nicht – Ein Jahr bei Frauen in Indonesien.* LIT-Verlag. ISBN 3-8258-5645-3. (Der einjährige Aufenthalt in einer indonesischen Familie am Stadtrand von Makassar/Ujung Pandang auf Sulawesi wird lebhaft beschrieben.)
- Christian H. Freitag: *„Einmal Pisang Epe bitte!".* In: *Bürgerbuch Gronau und Epe.* 2001/02, S. 212–213 (über den Ort Epe auf Sulawesi, namensgleich mit dem Ort Epe, Ortsteil von Gronau/Westf.)
- Sydney J. Hickson: *A Naturalist in North Celebes. A narrative of travels in Minahassa, the Sangir and Talaud Islands, with notices of the fauna, flora and ethnology of the districts visited.* Murray, London 1889. (Berichte von naturwissenschaftlichen Forschungsreisen)
- Markus Strauß: *Erfassung und Analyse ökologischer Raumeinheiten und Landnutzungssysteme in Nord-Sulawesi/Indonesien.* In: Klein/Krause (Hrsg.): *Umbruch in Südostasien.* Hamburg 2006. ISBN 978-3-934376-03-8.

Weblinks

- Tauchen in Nord-Sulawesi (http://www.starfish.ch/tauchen/Bunaken.html)
- Vegetation (http://www.faculty.biol.ttu.edu/cannon/vegetation_of_sulawesi.htm) (eng.)

Buton

Buton	
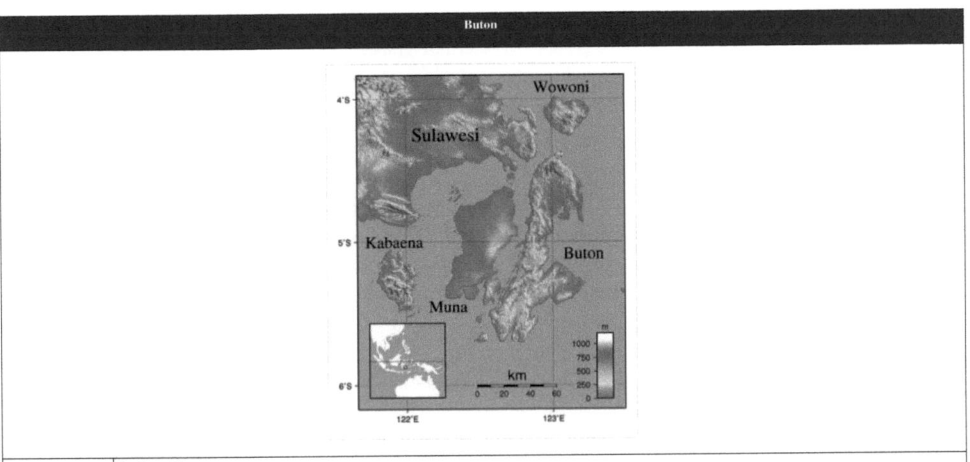	
Gewässer	Bandasee, Floressee
Inselgruppe	Sulawesi
Geographische Lage	[//toolserver.org/~geohack/geohack.php?pagename=Buton&language=de¶ms=5.05_S_122.883333333_E_dim:150000_region:ID-SL_type:isle(500000)&title=Buton 5° 3′ S, 122° 53′ O]Koordinaten: [//toolserver.org/~geohack/geohack.php?pagename=Buton&language=de¶ms=5.05_S_122.883333333_E_dim:150000_region:ID-SL_type:isle(500000) 5° 3′ S, 122° 53′ O]
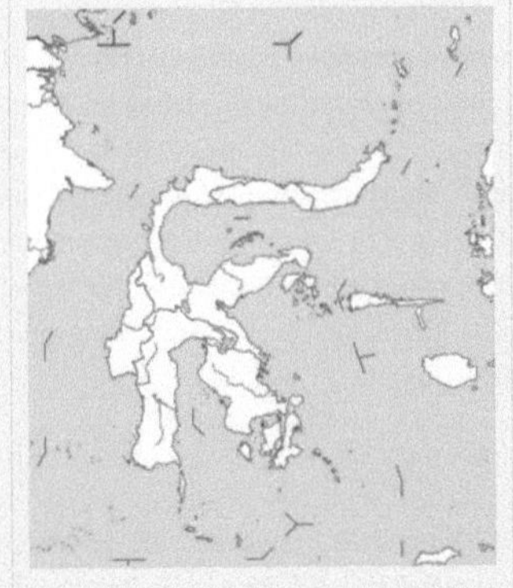	
Länge	150 km
Breite	60 km
Fläche	4408 km²
Höchste Erhebung	Wani (Buton) 1190 m
Einwohner	ca. 500000 (2010) 113 Einw./km²
Hauptort	Bau-Bau

Buton, auch *Butung*, indonesisch *Pulau Buton*, frühere niederländische Schreibweise *Boeton;* ist eine in der Bandasee gelegene, zur Provinz Sulawesi Tenggara gehörige, 4400 km² große indonesische Insel im Südosten von Sulawesi. Ihre Länge beträgt etwa 150 km und ihre Breite 60 km.

Buton und die östliche Nachbarinsel Muna gehören zu einer Inselgruppe mit einer Fläche von etwa 9600 km², die ebenfalls Buton genannt wird und zu der außerdem die westlich von Muna gelegene Insel Kabaena und die nördlich von Buton gelegene Insel Wowoni gezählt werden.

Geographie

Buton ist eine aus Korallenkalk aufgebaute, häufig gebirgige, im Norden bis 1190 m ansteigende Insel und größtenteils von Regenwald bestanden. Im Osten schneidet sich die 50 km lange und 30 km breite *Buton Bay* in die Insel ein. Einige schmale Ebenen dehnen sich entlang der Küste aus. Im Nordosten ist die Küste sumpfig. Von Dezember bis Mai herrscht Regenzeit, wobei durchschnittlich mehr als 100 mm Niederschlag pro Monat fällt. Endemisch sind u.a. das Flachland-Anoa und das Berg-Anoa.

Die Hauptstadt Bau-Bau liegt an der Südwest-Küste der Insel, hat 120.000 Einwohner und besitzt den bedeutenden Hafen Murhum. Daneben gibt es nur Dörfer. Ein wichtiger Erwerbszweig ist neben dem Holz- und Teak-Abbau die Asphalt-Produktion. Zum eigenen Verzehr werden Reis, Mais und Sago angebaut, daneben etwa Kokospalmen, um Kopra verkaufen zu können. Außerdem werden Zuckerrohr, Tabak und Kaffee exportiert. Die Küstenbewohner betreiben auch Fischfang.

Geschichte

Erstmals wird Buton im 14. Jahrhundert in einem javanesischen Gedicht namens Nagarakretagama genannt, das 1365 im Königreich Majapahit verfasst wurde und auch ein wichtiges historisches Zeugnis darstellt. Für das 14. bis 16. Jahrhundert sind die Namen von sechs Königen von Buton überliefert, beginnend mit der Königin Wa Kaa Kaa. Der sechste König Lakilaponto nahm 1542 den islamischen Glauben an, wandelte das Königreich in ein Sultanat um und nannte sich seither Sultan Murhum Kaimuddin Khalifatul Khamis. Um 1550 kam das Sultanat in die Abhängigkeit des Reiches von Ternate, dem es als wichtiges regionales Handelszentrum diente. 1612 schloßen die einheimischen Herrscher einen Vertrag mit Apollonius Schotte, einem Kapitän der Niederländischen Ostindien-Kompanie (VOC).[1] 1634 geriet Buton unter die Herrschaft der Makassaren, die jedoch bereits 1667 von den Niederländern verdrängt wurden. Diese waren fortan die Schutzmacht des Sultans, der als ihr Bundesgenosse galt. Das Sultanat umfasste auch Nachbarinseln wie Muna, Kabaena, die östlich Buton gelegenen Tukangbesi-Inseln sowie Teile von Südost-Sulawesi. Damals gab es vier hierarchisch abgestufte Klassen der Bevölkerung. Der letzte Sultan Muhammad Falihi Kaimuddin starb 1960.

Bevölkerung

Die etwa 500.000 Einwohner werden als Butonesen bezeichnet. Sie sprechen neben der Amtssprache Indonesisch diverse austronesische Sprachen und sind mehrheitlich Sunniten. In der traditionellen Religion besaß der Ahnenkult eine große Bedeutung. Die Verstorbenen wurden in kleinen Grabhügeln beigesetzt, auf denen kunstvoll geschnitzte Grabpfeiler aufgestellt waren, die als Aufenthaltsort für die Totenseelen dienten.[2]

Weblinks

- *Customary forest, coffee growing and dancing on Buton, Sulawesi, Indonesia.* blogs.worldbank.org [3] verlinkt auf ein Youtube-Video, 4:26
- Buton auf indonesia-tourism.com [4]

Einzelnachweise

[1] Geoffrey C. Gunn: *History of Timor*, S. 19 (http://pascal.iseg.utl.pt/~cesa/History_of_Timor.pdf) – Technische Universität Lissabon (PDF-Datei; 805 kB)
[2] M. S. Cipolletti: *Buton – Ein Haus für den Toten*. Museum der Weltkulturen Frankfurt am Main (http://www.outoftime.de/tod-im-kulturvergleich/indones/buton.html)
[3] http://blogs.worldbank.org/eastasiapacific/customary-forest-coffee-growing-and-dancing-on-buton-sulawesi-indonesia
[4] http://www.indonesia-tourism.com/south-east-sulawesi/buton_island.html

Endemit

Als **Endemit** (von altgriechisch ἔνδημος *éndēmos* ‚einheimisch‘;[1] ungenau oft auch *Endemismen* im Plural) werden in der Biologie Pflanzen oder Tiere bezeichnet, die nur in einer bestimmten, räumlich klar abgegrenzten Umgebung vorkommen. Diese sind in diesem Gebiet *endemisch*.

Dabei kann es sich um Arten, Gattungen oder Familien von Lebewesen handeln, die ausschließlich auf bestimmten Inseln oder Inselgruppen, Gebirgen, in einzelnen Tälern oder Gewässersystemen heimisch sind. Beispiel: Die Darwinfinken sind auf den Galápagos-Inseln endemisch, da sie weltweit nirgendwo sonst vorkommen.

Vor allem in der Botanik ist die Unterscheidung in „Paläoendemiten“ (auch: Reliktendemiten) und „Neoendemiten“ üblich. Erstere sind Arten mit ursprünglich vermutlich weiterer Verbreitung, die durch Änderung der Lebensbedingungen oder neue Konkurrenten in ein Reliktareal, meist eine Insel oder ein Gebirge, abgedrängt worden sind. Ein Beispiel wäre der Wurzelnd Kettenfarn (Woodwardia radicans), die heute auf den Kanarischen Inseln und in eng begrenzten Gebieten am Mittelmeer (meist in Gebirgen auf den Inseln) vorkommt. Man nimmt an, dass es sich um das Reliktareal einer im Tertiär (unter wärmeren und feuchteren Lebensbedingungen) weit verbreiten Art handelt. Neoendemiten sind Arten, die sich erst vor (erdgeschichtlich) kurzer Zeit aus weit verbreiteten Pflanzentaxa unter besonderen Standortbedingungen entwickelt haben. Dies nimmt man zum Beispiel für die zahlreichen Arten der Nelkengattung Dianthus auf Berggipfeln im Mittelmeerraum oder für die zahlreichen Tragant- (Astragalus) Arten in abgegrenzten Regionen Zentralanatoliens an. Als Kuriosum kommen sogar sogenannte heimatlose Arten vor. Dies sind neophytische Neo-Endemiten, die sich (meist durch Hybridisierung) erst seit wenigen hundert Jahren in ihrer neuen Heimat aus ursprünglich vom Menschen aus anderen Erdteilen eingeführten Arten entwickelt haben. Bekannt ist dies etwa von Kleinarten der Nachtkerzen (Oenothera) aus dem biennis-Artkomplex.

Eine Festlegung, bis zu welcher Flächengröße dieser Begriff verwendet wird, gibt es nicht. Für einen ganzen Kontinent endemische Arten, aber auch höhere taxonomische Einheiten, finden sich etwa für die beiden Amerika („Neuwelt“-Species), oder Australien. Kontinentübergreifende Vorkommen finden sich dann beispielsweise in der Pflanzenfamilie Bromeliengewächse, ursprünglich in Amerika, und sonst nur in einer Region Westafrikas.

Bedrohung

Je kleiner der zur Verfügung stehende Lebensraum ist, desto größer ist meist die Gefährdung der endemischen Taxa. Schon geringe Veränderungen im Habitat können zum Aussterben des gesamten Taxons führen.

Die Anwendung des Begriffs auf politische Grenzen ist nur im Rahmen der Roten Liste gefährdeter Arten üblich.

Inselendemiten

Als Inselendemiten bezeichnet man Arten, welche sich an den Lebensraum einer bestimmten Insel angepasst haben. Als ein Inselendemit ist ein Tier/Pflanze zu bezeichnen welches an eine Insel (meist weiter vom Festland entfernt) antreibt und sich aufgrund von bestimmten Begebenheiten der selbigen verändert und infolgedessen nur auf dieser heimisch ist. Interessant unter diesen ist unter anderem auch, dass sich bei einigen Arten gezielt Unterarten gebildet haben, um verschiedene Lebensräume der Insel für sich zu gewinnen. Die meisten dieser Unterarten gehen Allerdings auf eine Art zurück welche die insel erreichte. Interessante Beispiele hierfür sind unter anderem auch die Anolis-Echsen auf den Karibischen Inseln , die Finken auf einigen Pazifikinseln (Galápagos , Hawaii) oder die Riesenschildkröten auf den Galapagosinseln. Eine weitere Besonderheit unter Inselendemiten ist der langsame Fortpflanzungszyklus , eine Art Bevölkerungsregulierung der Evolution um zu verhindern, dass die Heimatinsel zu viele Vertreter der Art aufweist. So können viele endemische Vögel nur ein Ei pro Jahr legen. Hier einige Beispiele für Inselendemiten:

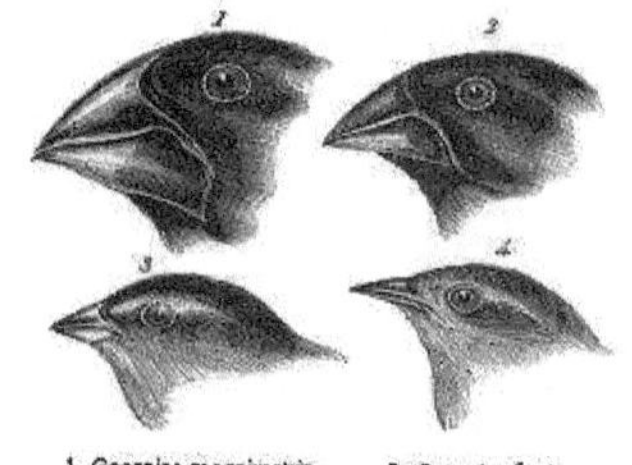

Darwinfinken - Unterarten bilden sich als Anpassung an Lebensräume und Inseln

- die Hawaiianischen Kleidervögel
- die Darwinfinken der Galapagosinseln
- die Kiwis auf Neuseeland
- die Anolis Kubas

Endemismus im Hinblick auf Inselgigantismus/-verzwergung

Bei einigen Endemiten ist es aufgrund des Nichtvorhandenseins von Raubtieren oder anderen Bedrohungen zum Inselgigantismus gekommen. Inselgigantismus tritt auf, wenn eine bestimmte Art auf eine Insel gelangt, auf der für die selbige kaum Gefahr oder ein idealer Lebensraum besteht. Infolgedessen sind auf einigen Inseln zum Teil riesige Arten entstanden. Hier einige Beispiele: - die Moas auf Neuseeland (ausgestorben) - die Galápagos-Riesenschildkröten - die Seychellen-Riesenschildkröten - der St.-Helena-Riesenohrwurm (ausgestorben) - die Elefantenvögel auf Madagaskar (ausgestorben).

Galápagos-Riesenschildkröte (Chelonoidis nigra porteri), ein Beispiel für Inselgigantismus

Inselverzwergung jedoch tritt auf, wenn es für die Art aufgrund eines geringeren Nahrungsangebotes oder dem Einfluss von Raubtieren vorteilhafter ist, kleiner zu werden. Hier einige Beispiele: - der Flores-Mensch (Homo floresiensis) auf der Insel Flores (ausgestorben) - der Insel-Graufuchs auf den kalifornischen Kanalinseln - Madagassische Flusspferde (ausgestorben) - das Zwergfaultier auf der Insel Isla escudo de veraguas vor Panama.

Insel-Graufuchs (Urocyon littoralis), ein Beispiel für Inselverzwergung

Beispiele Endemitenreicher Regionen

- Hawaii Inseln - Galapagos Inseln - Sokotra (Insel) - der Malaiische Archipel - Madagaskar - das Hochland von Äthiopien

Literatur

- *Lexikon der Biologie.* 5. Band, Spektrum Akademischer Verlag, Heidelberg 2004. ISBN 3-8274-0330-8

Einzelnachweise

[1] Wilhelm Gemoll: *Griechisch-Deutsches Schul- und Handwörterbuch.* G. Freytag Verlag/Hölder-Pichler-Tempsky, München/Wien 1965.

Weblinks

- Westfalen regional (http://www.lwl.org/LWL/Kultur/Westfalen_Regional/Naturraum/Endemiten) – Endemiten in Westfalen

Tribus_(Biologie)

Eine **Tribus** (Plural: *Tribus* oder *Triben*[1]) ist in der Systematik der Biologie eine Rangstufe zwischen Unterfamilie und Gattung. Wenn nötig, wird zwischen Tribus und Gattung noch die Rangstufe **Subtribus** eingeschoben.

Der wissenschaftliche Name einer Tribus endet

- in der Botanik auf *-eae*
- in der Zoologie auf *-ini*

Einzelnachweise

[1] Gerhard Wagenitz: *Wörterbuch der Botanik.* 2. Auflage, Spektrum Akademischer Verlag, Heidelberg, Berlin 2003. ISBN 3-8274-1398-2

Nutztier

Nutztier bezeichnet ein Tier, das vom Menschen wirtschaftlich genutzt wird.[1] Als Mast- und Schlachttiere (Fleischtiere), Milchtiere, Fett-, Leder-, Daunen- oder Felllieferanten, Zuchttiere und Arbeitstiere dienen Nutztiere insbesondere der Versorgung mit Nahrung, Kleidung und anderen tierischen Rohstoffen sowie der Arbeitserleichterung. Speziell in der Landwirtschaft werden Vieh, Geflügel (Federvieh) und andere Hoftiere in vielfältiger Form als Nutztiere gehalten. Aber auch außerhalb der Landwirtschaft treten bestimmte Haustiere als Nutz- oder Gebrauchstiere in Erscheinung und werden vom Menschen als Jagdtiere, Wachtiere, Transportmittel und zu sonstigen Zwecken (etwa auch als Labor- und Versuchstiere) genutzt. Auch gezähmte Wildfänge (bspw. Arbeitselefanten) und nicht domestizierte Tiere wie Fische und domestizierte aber ungezähmte Tiere, wie Honigbienen können Nutztiere sein, wenn ihre Haltung ökonomischen Zwecken dient.

Pflügen

Ein Gegenbegriff zum Nutztier ist in der deutschen Rechtssprache das Luxustier (hauptsächlich Heimtiere), dessen private Haltung nicht dem Unterhalt des Halters dient. Daneben werden auch Gebrauchstiere, die weniger zu wirtschaftlichen als zu persönlichen oder dienstlichen Zwecken eingesetzt werden (etwa dienstlich, beruflich oder gewerblich genutzte Reitpferde, Gebrauchs- oder Arbeitshunde), in der Regel nicht als Nutztiere bezeichnet. Auch Zirkus- und Zootiere gelten im Allgemeinen nicht als Nutztiere.

Einzelnachweise

[1] Duden (http://www.duden.de/)

Büffel

Als **Büffel** bezeichnet man in der deutschen Sprache mehrere Arten von afrikanischen und asiatischen Rindern (Bovini). Darunter sind der asiatische Wasserbüffel (*Bubalus bubalis*) und der afrikanische (Kaffern-)Büffel (*Syncerus caffer*) am bekanntesten.

Die afrikanischen Büffel unterscheiden sich durch den Hornbau grundsätzlich von den asiatischen. Durch eine verstärkte Zellbildung an der Innenseite des Gehörns wird beim afrikanischen Büffel das Horn nach unten gedrängt. Dabei entsteht an der Basis so viel Hornsubstanz, dass sich die Hornbasen auf der Stirnmitte treffen und einen Wulst bilden.

Afrikanischer Büffel

Die Abgrenzung der Büffel von den anderen Rindern ist willkürlich. Es handelt sich bei ihnen um keine systematische Gruppe, sondern um eine polyphyletische Zusammenstellung verschiedener Rinderarten. Die asiatischen Büffel für sich genommen sind jedoch eine monophyletische Gattung.

Von den weltweit ca. 150 Millionen Büffeln werden 145 Millionen in Asien gehalten und sind dort die verbreitetsten Milchtiere. In Indien liegt die Herdengröße etwa zwischen 1 und 15 Tieren, in Großstadtnähe gibt es auch Büffelfarmen mit bis zu 300 Tieren. Büffelmilch ist auch in Pakistan, Südostasien, Ägypten, Rumänien, Italien und der Türkei von wirtschaftlicher Bedeutung. Rund 17 Prozent der weltweiten Gesamtmilchmenge stammen von Büffelkühen.[1]

Siehe auch

- Amerikanischer Bison („*Indianerbüffel*“)
- Wisent (*Europäischer Bison*)

Weblinks

- www.phoenix.de, Dokumentation von Kamil Taylan und Wolf Truchsess von Wetzhausen : *Die Rückkehr der Büffel* [2] (gemeint sind hier *Bisons*), Erstausstrahlung am 2. September 2010

Einzelnachweise

[1] *Handbuch der Milch- und Molkereitechnik*, Hrsg.: Tetra Pak Processing GmbH, Verlag Th. Mann, Gelsenkirchen, 2003, S.24

[2] http://www.phoenix.de/content/phoenix/die_sendungen/dokumentationen/die_rueckkehr_der_bueffel/204761?datum=2010-09-02

Kopf-Rumpf-Länge

Als **Kopf-Rumpf-Länge** (engl. *snout-venter length*, abgekürzt SVL) bezeichnet man die Länge eines Landwirbeltieres von der Schnauzen- bzw. Nasenspitze bis zum Gelenk zwischen Schwanzwirbelsäule und Kreuzbein.[1] Das Gelenk ist jedoch nur durch einen Hautschnitt und das Entfernen von Binde- und Muskelgewebe freizulegen.[2] Daher werden als hinterer Messpunkt stattdessen häufig der Anus oder die äußerlich sichtbare Schwanzwurzel verwendet, was zu abweichenden und stärker schwankenden Maßen führen kann. Bisweilen wird die Kopf-Rumpf-Länge von der gemessenen Gesamtlänge abgezogen um die Schwanzlänge zu ermitteln.[1]

Zum Messen der Kopf-Rumpf-Länge wird der Körper des Tieres in Rückenlage ausgestreckt auf einer ebenen, waagerechten Unterlage leicht angedrückt und gerade ausgerichtet, jedoch nicht überdehnt. Stirn und Nase werden an die Unterlage gedrückt.[1] [2] Die ermittelte Kopf-Rumpf-Länge kann beim wiederholten Messen selbst durch dieselbe Person schwanken. So können bei Mäusen Schwankungen von einigen Millimetern nicht ausgeschlossen werden.[3] Hinreichend genaue Messergebnisse sind am lebenden Tier gewöhnlich nicht zu erhalten[4] und auch während der Totenstarre nicht.[1]

Bei Fischen benutzt man die Standardlänge um die Länge eines Fisches vom vordersten Ende des Tiers bis zur Basis der Schwanzflosse anzugeben.

Verwendete Literatur

- Martin Görner, Hans Hackethal: *Säugetiere Europas: Beobachten und bestimmen.* Ferdinand Enke/Deutscher Taschenbuch-Verlag, Stuttgart/München 1988 [1987], ISBN 3-432-96461-7/ISBN 3-423-03265-0 (Lizenzausgabe).
- Joachim Jenrich, Paul-Walter Löhr, Franz Müller: *Kleinsäuger: Körper- und Schädelmerkmale, Ökologie.* Michael Imhof, Fulda 2010, ISBN 978-3-86568-147-8.
- Jochen Niethammer, Franz Krapp: *Handbuch der Säugetiere Europas. Band 1: Nagetiere I.* Akademische Verlagsgesellschaft, Wiesbaden 1978, ISBN 3-400-00458-8.

Anmerkungen

[1] Niethammer und Krapp, 1978 (S. 46)
[2] Jenrich und Mitarbeiter, 2010 (S. 16)
[3] Niethammer und Krapp, 1978 (S. 43)
[4] Görner und Hackethal, 1988 (S. 12–13)

Widerrist

Der **Widerrist** ist der erhöhte Übergang vom Hals zum Rücken bei Vierbeinern. Er wird von den langen Dornfortsätzen der ersten Brustwirbel gebildet, an denen auch das Nackenband entspringt. Unter und über dem Nackenband sind bei einigen Tierarten Schleimbeutel ausgebildet.

Entsprechend wird mit der Widerristhöhe die eigentliche Größe eines Pferdes oder Hundes angegeben, weil der Widerrist bei gesenktem Kopf den höchsten Punkt des Körpers darstellt und sich damit als Messstelle eignet. Sie wird üblicherweise mit dem Bandmaß oder einem Stockmaß ermittelt. Jedoch gilt dies nicht für das Rind, bei ihm wird üblicherweise die *Kreuzbeinhöhe* als relevantes Maß der Körpergröße angegeben. Bei einigen Pferderassen wie Vollblütern ist der Übergang des Halses zum Widerrist durch eine deutliche Vertiefung erkennbar; diese wird als *Axthieb* bezeichnet.

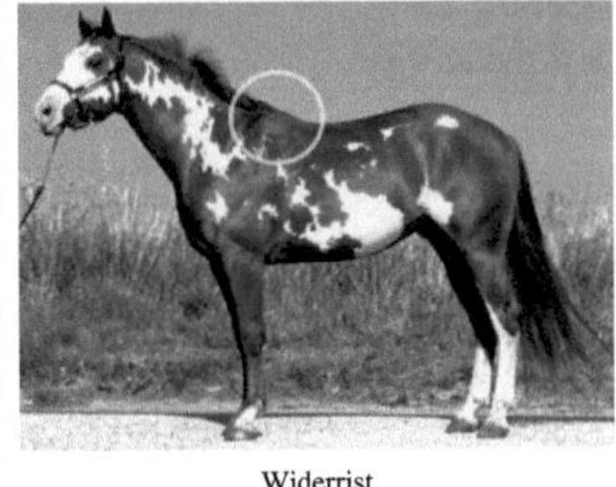

Widerrist

Die Körpergröße wird als ein Kriterium zur Rassezucht herangezogen, zu der nur angekörte männliche und weibliche Tiere verwendet werden dürfen. Diese gekörten Tiere dürfen eine bestimmte **Widerristhöhe**, auch als Kör- oder **Stockmaß** benannt, prozentual nicht über- bzw. unterschreiten. Die zur Körung erforderliche Widerristhöhe wird von den jeweiligen Rasseverbänden festgelegt und als Zuchtstandard veröffentlicht. Die individuelle Widerristhöhe der zuchtfähigen Tiere wird in Zuchtbüchern und tiereigenen Zuchtpapieren der jeweiligen Rasseverbände eingetragen und verwaltet.

Hunde- und Pferderassen

Männliche und weibliche Tiere, mit denen man züchten möchte, werden zu einer sogenannten Körung (Zuchtprüfung) vorgestellt. Bei dieser werden dann von einer Prüfungskommission die spezifischen Rassekriterien laut Zuchtstandards des jeweiligen Rasseverbandes direkt an den Tieren ermittelt. Diese individuellen Maße der Tiere werden dann als ein Kriterium zur Erlaubnis (Ankörung) oder Ablehnung (Abkörung) der Zuchtverwendung herangezogen.

Das größte bei Pferden bisher gemessene Stockmaß sind 2,19 m bei einem Shire Horse.

Siehe auch

- Exterieur (Pferd), Sattellage

Fell

Fell nennt man die Haut von Säugetieren mit 50 bis 400 Haaren pro Quadratzentimeter. Bei geringerer Haardichte gilt sie als haararme Haut, bei mehr als 400 Haaren pro Quadratzentimeter wird die Haut als Pelz bezeichnet.[1] Das Fell wird von den Deckhaaren (Oberhaar) und den Wollhaaren (Unterwolle) gebildet.[2]

Im Lederhandel nennt man die Häute einiger Jungtierarten Fell (Ziegenfelle, Lammfelle).

Die Fähigkeit vieler Säugetiere jahreszeitlich ihre Behaarung den Witterungsbedingungen anzupassen bezeichnet man als Fellwechsel. Die Fellfarbe dient u. a. zur Tarnung, bei manchen Tierarten aber auch als Warnsignal.

Das abgezogene Fell wird im Allgemeinen als Pelz bezeichnet, in der Pelzbranche spricht man auch allgemein von Rauchwaren, österreichisch Rauwaren. In der Jägersprache wird das Fell einiger Tierarten mit unterschiedlichen Bezeichnungen benannt, z. B. als Schwarte beim Schwarzwild und Dachs oder Decke beim Rotwild. Als Aasseite wird die innere Seite, also die Fleischseite des Rohfells bzw. der Haut bezeichnet. Beim gegerbten (fachsprachlich „zugerichteten") Fell ist es dann die Lederseite.

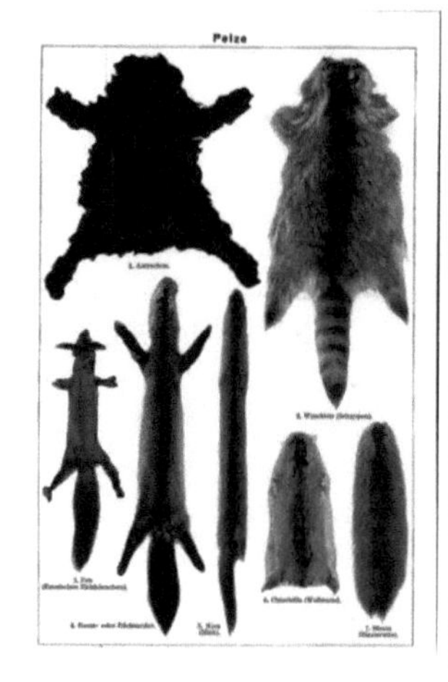

Das Fell verschiedener Säugerarten

Anleitung zur Enthäutung eines Tigers

Fell als Wandschmuck in der Burg Meersburg

Fell war lange Zeit ein großes Problem für die Computergrafik, vor allem wegen seiner geometrischen und optischen Komplexität. Unter anderem mussten Algorithmen gefunden werden, die die gegenseitige Abschattung jedes einzelnen Haars optimierten und solche Bilder überhaupt in realistischer Zeit berechenbar machten. Der erste Spielfilm, der diese Technik ausreizte, war Pixars 3D-Animation Die Monster AG von 2001.

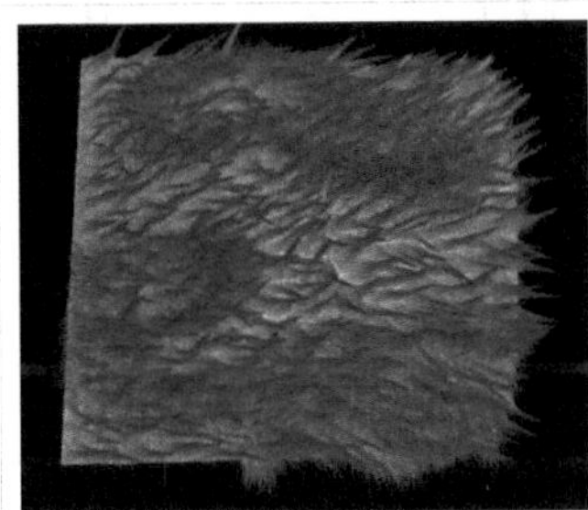

In einer 3D-Software erzeugtes nasses Fell

Für die verschiedenen Fellarten siehe Hauptartikel →Pelzarten

Siehe auch

- Leder
- Wolle
- Haar
- Haut
- Kniefell (Leder-Bekleidungsteil für Trommler der preußischen Armee)
- Fellfarbe

Einzelnachweise

[1] Prof. Dr. sc. nat. Dr. med vet. h. c. Heinrich Dathe, Berlin; Dr. rer. pol. Paul Schöps, Leipzig unter Mitarbeit von 11 Fachwissenschaftlern: *Pelztieratlas*, VEB Gustav Fischer Verlag Jena, 1986, S. 17

[2] Hans Geyer: *Haare*. In: Salomon/Geyer/Gille (Hrsg.): *Anatomie für die Tiermedizin*. Enke-Verlag Stuttgart, 2. erw. Aufl. 2008, S. 637–640. ISBN 978-3-8304-1075-1

Horn

Horn nennt man den Auswuchs am Kopf der Hornträger und am Kopf der Nashörner. Im übertragenen Sinne werden auch ähnliche Gebilde am Körper anderer Tiere als „Horn“ bezeichnet.

Ein Schottisches Hochlandrind, zu dessen typischen Merkmalen die langen Hörner gehören

Das Horn im eigentlichen Sinne

Bei den Hornträgern (lat. Bovidae), einer Familie der Wiederkäuer (etwa bei Antilopen, Rindern, Schafen oder Ziegen), ist es ein hohler Überzug über einen Knochenzapfen. Die Hornträger werden darum auch als „Hohlhörnige“ (Kavikoruier) bezeichnet. Dieses Gebilde löst sich leicht ab und wird daher sowohl als Behälter wie auch als Musikinstrument verwendet. Im Gegensatz dazu stehen die Geweihträger (lat. Cervidae), wie Hirsche etc.

Bei den Nashörnern ist das Horn ein solider, aus verklebten Borsten hervorgegangener Auswuchs. Er lässt sich ebenso schmerzlos zurückschneiden wie Haare oder Fingernägel – eine Maßnahme, die im Tierschutz angewendet wird, da die Nashörner fast ausschließlich ihrer Hörner wegen bejagt werden: Ein Nashorn, dem das Horn entfernt wurde, ist für Wilderer wertlos.

Elasmotherium sibiricum, Illustration zu einem Vertreter der *Elasmotheriinae* (†)

Funktion des Hornes

Allgemein wird angenommen, dass das Horn den Wiederkäuern nur zu Verteidigungszwecken evolutionär gewachsen ist. Neuere Hinweise zeigen auch einen Zusammenhang zwischen rohfaserhaltiger Nahrung und dem Wiederkäuermagen. Hierbei fungiert das Horn entweder direkt als Sinnesorgan beim Prozess des Wiederkäuens oder wächst auf Grund der Nahrungszusammensetzung.

Horn abgelöst vom Schädel eines Steinbocks

Weitere Hörner aus Hornsubstanz

Bei den Vögeln tragen zum Beispiel der Kasuar und viele Arten der Nashornvögel ein Horn auf dem Kopf oder dem Schnabel; auch der Sporn bei Hühnervögeln etc. besteht aus Hornsubstanz. Diese bildet auch die Schwielen (Sohlenballen), Hufe, ferner die Schuppen bei den Säugetieren (Schuppentiere etc.), Vögeln und Reptilien (Schildkröten, Schlangen etc.), nicht aber bei den Fischen, sowie die Zungenstacheln bei den Katzenarten, die Hornzähne des Schnabeltieres, der Neunaugen etc., die Barten einiger Walarten, die Platten auf der Zunge, im Gaumen und im Magen der Vögel und mancher Säugetiere.

Als krankhafte Erscheinungen sind Hauthörner sowie hornartige Bildungen bei Pferden, Katzen, Wölfen, bei Gänsen, Enten und Hühnern zu betrachten. Hierher gehören auch die Künsteleien bei Kapaunen, denen man die von den Füßen abgeschnittenen Sporen durch eine Wunde am Kopf einpfropft, wo sie dann unter Umständen nicht nur einwachsen, sondern auch noch größer werden sollen, als sie an den Füßen geworden wären. Die Redensart „jemandem Hörner aufsetzen“ hat ebenfalls damit zu tun. An den „Hörnern“ konnte man den kastrierten Hahn erkennen.

Auswüchse aus anderen Körpersubstanzen

Das in der Jägersprache als „Gehörn“ bezeichnete Geweih der Rehe besteht aus massiver Knochensubstanz und gilt deswegen nicht als Horn, ebenso wenig das „Horn“ des Narwals, das vielmehr ein Stoßzahn ist.

Auch bei anderen Tiergruppen, beispielsweise manchen Käfern, spricht man von Hörnern für analoge Fortsätze; bei den Insekten sind diese als Teil des Exoskeletts aus Chitin gebildet.

Rehgehörne

Horn im Namen

Lebewesen bekommen meist den Zusatz Horn-, wenn sie sich entweder durch spitze harte Auswüchse am Kopf oder durch den Besitz von sehr harten Substanzen in der Außenhaut auszeichnen:

Nashornkäfer (Oryctes nasicornis), ♂

- Doppelhornvogel
- Hornklee
- Hornkorallen
- Hornblatt
- Hornfrosch
- Hornfliegen
- Hornhecht
- Hornmilben
- Hornträger
- Hornviper – Name für einige, nicht unbedingt näher verwandte Schlangenarten
- Mondhornkäfer
- Nashorn
- Nashornkäfer
- Triceratops, d.h. „Dreihorngesicht“
- sowie das legendäre Einhorn

Article Sources and Contributors

Berg-Anoa *Source*: http://de.wikipedia.org/w/index.php?title=Berg-Anoa *Contributors*: Achim Raschka, Baldhur, Bradypus, Brummfuss, Hewa, Jeremiah21, Korinth, Olaf Studt, Rbrausse, Vinimontanus, Volvoc, Wlodzimierz, 2 anonymous edits

Indonesien *Source*: http://de.wikipedia.org/w/index.php?title=Indonesien *Contributors*: -Boris-, 17.amw, 217, A.Savin, ANKAWÜ, Abfall-Reiniger, Addicted, Adomnan, Adrian Bunk, Adrian Lange, Aendless Luup, Aka, Alambali, Albe ni, AlexdG, Alkab, Alma, Amano1, Amodorrado, Amphibium, Andre30c, Androl, André Schneider, Andy king50, Antemister, Ar-ras, Armin P., Arved, Askalan, Asketix, Atamari, Attallah, Avoided, B0b, BK-Master, BKSlink, Bahnmoeller, Baldrian152, Barb, Bardenoki, Batrox, Bear, Ben-Zin, Benatrevqre, Bene16, Bernd Untiedt, BerndB, Bernhard Wallisch, Bertll, Bertramz, Bierdimpfl, BishkekRocks, Björn Bornhöft, Blaufisch, Bomzibar, Borsi112, Bosque21, Bradypus, Brmf, Bücherliebe, Callidior, CdaMVvWgS, Chaddy, Chodowiecki, ChrisHamburg, Christian140, Codc, CommonsDelinker, Complex, Conny, Conversion script, Creando, Crux, Cutnyakdhien, Cymothoa exigua, D, D-M, DaSch, Dalisay, Danyalov, Darealclub, DasBee, DeMonsoon, Decius, Dellex, Denis Barthel, Denysince, Der Tzwenn, Der.Traeumer, DerHexer, Diametralentgegengesetzt, Diba, Dolphin.fra, Don Magnifico, Dr. Manuel, Dundak, EMatt, Echeetah, Eddy sarputra, ElNuevoEinstein, Elekhh, Eleuterion, Elian, Elmschrat, Engie, Entlinkt, ErikDunsing, Etagenklo, Euphoriceyes, Eusterw, Evis, Farah Eliane, Faulenzius Seltenda, Faymer, Fedi, Felix Stember, Fierabrás, Firefox13, Fish-guts, Flavia67, Florian Adler, Florian.Keßler, Fomafix, Forbfruit, Fossa, Frankee 67, Friedjof, Fristu, FritzG, Funnyina, G-C, GLGerman, Gargolla, Geisskh, Geist, der stets verneint, Gemini1980, Generator, Geo1860, Gereon K., Gerhardvalentin, Gf1961, Gilliamjf, Gnu1742, Goliath613, Graphikus, GreenBerlin, Griensteidl, Grimmi59 rade, Groupsixty, GrîleGarîle, Gudrun Meyer, Gunkarta, Gymi-1992, H.Grob, Halbarath, Hannover, Hansbaer, Hardenacke, Harro von Wuff, He3nry, Head, Heckmotor, Hedwig in Washington, Heikoschmitz, Heinte, HeleneU, Helium4, Henkyb53, HenrikHolke, Herrick, Hesse-Kücke, Hi-Teach, Highpriority, Historiograf, Hlamerz, Holger1974, Hoo man, Howwi, Hph, Hreid, Hu9423, Hubertl, Husni Suwandhi, Hutch, Hydro, Hyperioon, Imre, Inkowik, Interpretix, Invisigoth67, Isderion, Iwoelbern, J budissin, J. Patrick Fischer, JCIV, JCS, JFKCom, Jack The Ripper II, JakobaDt, Janneman, Janschejbal, Janwo, Jarling, Jcornelius, Jed, Jens Liebenau, Jens Speh, Jesi, Jivee Blau, Jo.Fruechtnicht, Jochenkramer, Johamar, Jpkoester1, Juesch, Julius1990, Jörg Kopp, KWa, Kadel, Kamillo, Karl-Henner, Kaugummimann, Kellerassel, Kilon22, Kirschblut, Kliv, Koerpertraining, Kolossos, Konnie, Krawi, Krischan111, Kristyanto, Kuelapis, Kulac, Kuli, Kurt Jansson, LKD, Lacrimus, Lax, Leipnizkeks, Leithian, Leuche, Liberexim, LichtStrahlen, Liesbeth, Lofor, Lsowada, M.L, M.Sulpicius, MFM, Madden, Maggot, Manja, Marcel Krüger, Marcus Cyron, Margaux, Marikke, Markusvoss, Martin H., Martin-vogel, Martin1978, Martinwilke1980, MarvinMonroe, Marzahn, MasterFinally, Mathias Schindler, Matthäus Wander, Maveric149, Media lib, Mef.ellingen, Michael Gäbler, Michael Metzger, Michael Sander, Michael w, Mike Krüger, Millbart, Mmmkay, Mnh, MsChaos, Muck31, Muehlstein, Müdigkeit, NCC1291, NEXT903125, Nagy+, Nasriyah, Necrosausage, Nephelin, Nhauser, NiTenIchiRyu, Nikkis, Nikswieweg, Ninety Mile Beach, Niugini, Nodutschke, Nolispanmo, Nothere, Nérostrateur, Oalexander, Octavian, Olei, Orient, Osmium, Ot, Otberg, Otto Normalverbraucher, OttoK, Ottomanisch, Oudefs, Oxymoron83, P. Birken, Paris 16, PatriceNeff, Pendulin, Perrak, Peter200, Peterlustig, Pfieffer Latsch, Pge76, Phil41, Philipendula, Philipp Wetzlar, Phj.meurer, Phlo, Phoenix2, Pill, Pischdi, Pit, Pitichinaccio, Pittigrilli, Pittimann, PogoEngel, Pokefan212, Polarlys, PsY.cHo, Quirin, Ralferly, Randbewohner, Ranunculus, Ratatosk, Raubsaurier, Raymond, Rdb, Regi51, Reindra, Ri st, Richardfabi, Riverrats, RoBri, Roger1234, Roland Schmid, Roo1812, Rosendorn, RoswithaC, Rsk6400, Rupert Pupkin, S.Didam, Sa-se, Sallynase, Sapote, Schaengel89, SchirmerPower, Schlesinger, Schnargel, Scooter, Sechmet, Semper, Sentry, Shairon, Shoshone, Siehe-auch-Löscher, SilP, Sinn, Sjharten, Small Axe, SolssetEben!, Solid State, Spuk968, Srbauer, StYxXx, Stauba, Steffen2, Stephan Klage, Stern, Sticksel, Subversiv-action, Sukarnobhumibol, Susu the Puschel, Sven-steffen arndt, TUBS, Talaborn, The most simple User at all, Thluchnik, Thorbjoern, Tim Meuter, Tim.landscheidt, Tk, Toaster76, Tobias.hofmann, Topfield, Toter Alter Mann, Trosoft, Trustable, TschonDoe, Tschäfer, Tsui, Turbonachsichter, Tzzzpfff, Tönjes, Umweltschützen, Uranus95, Uwe Gille, VanGore, Vyasa, W!B:, WAH, Wahrerwattwurm, Walter Nachtmann, Wikigi, Wikinator, Wilske, WirSindHelden, Wladmeister, World24, Wst, Wysiwyg, Yosramba, YourEyesOnly, Zenit, Zeno Gantner, Ziko, Zollwurf, Zulu55, Zumbo, 879 anonymous edits

Rinder *Source*: http://de.wikipedia.org/w/index.php?title=Rinder *Contributors*: Achim Raschka, Addicted, Aineias, Altaileopard, Avoided, BK-Master, BS Thurner Hof, Baldhur, Bdk, Bradypus, Branka France, Bundesrowdyplik Doitsland, Bücherhexe, Capaci34, Cat009, Crux, D, Da, Density, Diba, Dickbauch, Didi 69, EricPoehlsen, Euphoriceyes, Frank Helbig, Geos, Griensteidl, HJJHolm, HaLu, Hanno Sandvik, Inkowik, Janneman, Johnny Controletti, Jonathan Hornung, JuTa, Kaisersoft, Kevin Carstens, Kku, Klapper, Klewic, Krawi, LKD, Landwirt, Martin Sell, Matt1971, Michael w, Muscari, Mvb, Necrophorus, Nolispanmo, Nordelch, O.Koslowski, Olaf Studt, Olei, Ot, Oxymoron83, Paddy, Patrick93, RehderZMP, Robodoc, SCAS, SDB, SehLax, Stechlin, Stefan64, Stephan Schwarzbold, Sulfolobus, Theonly1, Tönjes, Uwe Müller, Vinimontanus, W!B:, WAH, Welle, Whrbln, Wikisearcher, Wilhans, Wst, YourEyesOnly, 74 anonymous edits

Wiederkäuer *Source*: http://de.wikipedia.org/w/index.php?title=Wiederk%C3%A4uer *Contributors*: A.Savin, Aglarech, Aka, Algont, Altaileopard, Avoided, Azidian, Baldhur, Bradypus, Branka France, ChrisHamburg, ChristianErtl, Crux, Dellex, Diba, Dierken, Erkan Yilmaz, Felix Stember, Filosof, Gnarr, Gregor-Kamień, Hanno Sandvik, Helgo BRAN, Hurone, Ingorieger, Iste Praetor, Jivee Blau, Kersti Nebelsiek, Kmiki87, KnightMove, Krd, Laudrin, Martin Bahmann, Martin Sell, Narvalo, Necrophorus, Nordelch, OS Meyer, Ondundozonananandana, Ottomanisch, Paddy, Peter Littmann, Pittimann, Quarte, Regi51, Regnaron, Rudi der Regenwurm, Soebe, Spacebirdy, Spuk968, Svens Welt, T34, Tigerente, Tobi B., Uwe Gille, VerwaisterArtikel, Voevoda, Wing, Zangala, Zoelomat, 57 anonymous edits

Hornträger *Source*: http://de.wikipedia.org/w/index.php?title=Horntr%C3%A4ger *Contributors*: Achim Raschka, Alexandra lb, Alois Staudacher, Altaileopard, Andreas aus Hamburg in Berlin, Attallah, BS Thurner Hof, Baldhur, Bierdimpfl, Bradypus, Carbenium, ChristianErtl, Diba, Factumquintus, Gerhard wien, Gnu1742, Hewa, Jeremiah21, JuTa, Karl-Henner, KnightMove, Listener, Martin Sell, Martin-vogel, Maxwell st, Muscari, Necrophorus, Nicor, Peter Littmann, Peter200, Ron.W, Stechlin, Tigerente, Toter Alter Mann, Wst, 22 anonymous edits

Bovinae *Source*: http://de.wikipedia.org/w/index.php?title=Bovinae *Contributors*: Aka, Altaileopard, Andim, Bradypus, Geaster, Stechlin, Voevoda, 1 anonymous edits

Asiatische_Büffel *Source*: http://de.wikipedia.org/w/index.php?title=Asiatische_B%C3%BCffel *Contributors*: Altaileopard, Baldhur, Bradypus, Bundesrowdyplik Doitsland, Dickbauch, Flyingtrigga, Jeremiah21, Jonathan Hornung, Pagid, 4 anonymous edits

Flachland-Anoa *Source*: http://de.wikipedia.org/w/index.php?title=Flachland-Anoa *Contributors*: Baldhur, Bradypus, Ckeen, Crux, D.W., Dellex, Doc Taxon, Heinte, Idotter, Jeremiah21, Jonathan Hornung, Matalegro, Melly42, Mike Krüger, Necrophorus, Pm, SebastianBreier, The Land, Ulrich.fuchs, Zangala, 7 anonymous edits

Sulawesi *Source*: http://de.wikipedia.org/w/index.php?title=Sulawesi *Contributors*: Aka, Anka Friedrich, Astrokey44, BLueFiSH.as, Baynado, Bradypus, Branka France, Callidior, Carlos-X, Corvus47, DanielHerzberg, Dellex, Don Magnifico, E-W, Ein Beobachter, Elekhh, Engie, Ephraim33, Erkan Yilmaz, Feldkurat Katz, Fomafix, G-C, Gamgee, Haplochromis, Head, Heikoschmitz, Heinte, Indonesien2, Inkowik, Jack Merridew, Janstr, Janwo, Kibert, Konautupeih, Kunani, Lofor, M.Sulpicius, Maclemo, Margaux1900, Martinwilke1980, Media lib, Mef.ellingen, Mio4, Mmg, Mschlindwein, Nikai, Nikswieweg, Olaf Studt, Pizzaboy1, Pyramidenbau, Rallig, Roo1812, Schlesinger, Schwalbe, Seegraswiese, Smurf, Stanzilla, Stefan Kühn, Suicido, Svens Welt, Talaborn, Telim tor, Tk, Tsui, Umg, Uwaga budowa, Vyasa, Waerth, WernerPopken, Zeno Gantner, Zollwurf, 33 anonymous edits

Buton *Source*: http://de.wikipedia.org/w/index.php?title=Buton *Contributors*: Babel fish, Bertramz, J. Patrick Fischer, Nepomucki, Oskar71, Telim tor, 1 anonymous edits

Endemit *Source*: http://de.wikipedia.org/w/index.php?title=Endemit *Contributors*: 24-online, 9mag, Aglarech, Aka, Andrsvoss, Ben-Zin, Brummfuss, Buteo, C.Löser, Conversion script, Elias (Biology), Eloquant, Erzbischof, Fir99, Frank Murmann, Geaster, Geisslr, Generator, Gerbil, Griensteidl, Haplochromis, Hydro, JFKCom, JuTa, Karl-Henner, Kersti Nebelsiek, Krischan111, Llonniznarf, MBq, Martin Aggel, Masegand, Matt1971, Melopsittacus, Mikue, My name, Pawla, Penta, Peter adamicka, Phrontis, Regi51, Regiomontanus, Revolus, Robby, S.K., STBR, Sadduk, Secular mind, SnowCrash, SnowIsWhite, Spuk968, Stefan Knauf, Stephan Klage, Taugenichts, Tialtngo, TomCatX, Trotamundos, Uwe Gille, Vorwald, W!B:, WikiMax, Wolfgang1018, Wutzofant, 33 anonymous edits

Tribus_(Biologie) *Source*: http://de.wikipedia.org/w/index.php?title=Tribus_%28Biologie%29 *Contributors*: Armin P., Baldhur, Balû, Boronian, Branka France, Chrischan, Earwig, Franzpaul, Griensteidl, Hanno Sandvik, Hhdw, Hæggis, JFKCom, Jpp, MD, Muscari, Nagy+, Qniemiec, Sepia, Termininja, Tomas e, WIKImaniac, Wofl, 20 anonymous edits

Nutztier *Source*: http://de.wikipedia.org/w/index.php?title=Nutztier *Contributors*: Aloiswuest, Armin P., Ausputzer, Cymothoa exigua, In dubio pro dubio, Inkowik, Jivee Blau, Jordi, Katach, Kürschner, Lonnis Rache, Minoo, Oenie, PM3, Parakletes, Pentachlorphenol, Pittimann, Regi51, Sk!d, Spuk968, Tara2, Teilzeittroll, Wgtranquillo, ℜepress, 8 anonymous edits

Büffel *Source*: http://de.wikipedia.org/w/index.php?title=B%C3%BCffel *Contributors*: AXRL, Achim Raschka, Andy king50, BS Thurner Hof, Baldhur, Bradypus, Carbidfischer, ClausG, Crux, Denis Barthel, ElRaki, Euphoriceyes, Faltenwolf, Head, Hungchaka, Hydro, Kluane, KnightMove, LabFox, Michikrel, Mike Krüger, Montevideo23, Mvb, Napa, Necrophorus, Nicolas17, Olei, Seewolf, Shadak, Spuk968, TheWolf, Tzzzpfff, Wst, YourEyesOnly, Zerohund, 32 anonymous edits

Kopf-Rumpf-Länge *Source*: http://de.wikipedia.org/w/index.php?title=Kopf-Rumpf-L%C3%A4nge *Contributors*: Achim Raschka, Fice, Halbarath, Haplochromis, Howwi, Itu, Regi51, Regiomontanus, Torben Schink, Ucucha, Uwe Gille, 4 anonymous edits

Widerrist *Source*: http://de.wikipedia.org/w/index.php?title=Widerrist *Contributors*: Achim Raschka, Archy, Azim, Berschah, Brummfuss, Cäsium137, D, Dackelfan, Das Ed, Deadhead, EinKonstanzer, Erelen, Farbenpracht, Fjoerg, Horsefreund, Jackie, Jochen2707, KaHe, Klara Rosa, MacRudi, Martin1978, Meghann99, Mijobe, Numbo3, Pewa, Popie, Pottok, Stefan Kühn, Uwe Gille, Wst, 35 anonymous edits

Fell *Source*: http://de.wikipedia.org/w/index.php?title=Fell *Contributors*: 3268zauber, Abrakadabra, Aglarech, Aka, Attallah, Avoided, Baldhur, Claus Ableiter, Dinah, Don Magnifico, Dyll, El., Flo 1, Floker, Flominator, Franz Xaver, FriedhelmW, Glenn, H0tte, Helehne, Häsk, Jensre, Karl-Henner, Kersti Nebelsiek, Kikila, Kohte, Kürschner, Libelle63, Maximilian Schönherr,

Mef.ellingen, Mijobe, PhJ, Philipendula, Pittimann, Schlurcher, Sjoehest, Sony, Stachelroche, StefanWesthoff, Teebeutel, TomCatX, TomK32, Tröte, Tyra, Ulz, Uwe Gille, Voevoda, W!B:, William Cloud, Wolfgang1018, Wst, YourEyesOnly, Zenit, 19 anonymous edits

Horn *Source*: http://de.wikipedia.org/w/index.php?title=Horn *Contributors*: Achim Raschka, Aka, Amphibium, Androl, Avoided, Bosta, Branka France, Buchstapler, C.Löser, Cem.d, Der.Traeumer, Don Magnifico, Dum-dum-dum-dim-dum, Engie, Eynre, Fantagu, Flominator, Fomafix, G-41614, Geitost, Grey Geezer, Hardenacke, Hiha, JAF, JuTa, Katharina, Kdwnv, Krd, LKD, MarkusZi, Martin1978, Oceancetaceen, Paddy, Peter200, Prof. Holzfäller, Revvar, Robodoc, Schonrath, Seewolf, SilP, Stanzilla, Stefan Kühn, Tobi B., Trickser, Tsor, Ulrich.fuchs, Uwe Gille, W!B:, Wilfried Berns, Wolfgang1018, Wst, Zollernalb, Zwiebelleder, 36 anonymous edits

Image Sources, Licenses and Contributors

Datei:Buablus quarlesi2.jpg *Source*: http://de.wikipedia.org/w/index.php?title=Datei:Buablus_quarlesi2.jpg *License*: unknown *Contributors*: User:08deborah

Datei:Flag of Indonesia.svg *Source*: http://de.wikipedia.org/w/index.php?title=Datei:Flag_of_Indonesia.svg *License*: unknown *Contributors*: User:Gabbe, User:SKopp

Datei:Coat of Arms of Indonesia Garuda Pancasila.svg *Source*: http://de.wikipedia.org/w/index.php?title=Datei:Coat_of_Arms_of_Indonesia_Garuda_Pancasila.svg *License*: unknown *Contributors*: User:Gunkarta

Datei:Indonesia on the globe (Southeast Asia centered).svg *Source*: http://de.wikipedia.org/w/index.php?title=Datei:Indonesia_on_the_globe_(Southeast_Asia_centered).svg *License*: unknown *Contributors*: TUBS

Datei:Indonesien.png *Source*: http://de.wikipedia.org/w/index.php?title=Datei:Indonesien.png *License*: unknown *Contributors*: Original uploader was Michael w at de.wikipedia Later version(s) were uploaded by Tzzzpfff at de.wikipedia.

Datei:Klimadiagramm-deutsch-Medan-Indonesien.png *Source*: http://de.wikipedia.org/w/index.php?title=Datei:Klimadiagramm-deutsch-Medan-Indonesien.png *License*: unknown *Contributors*: Hedwig in Washington

Datei:Klimadiagramm-deutsch-Surubaya (Java)-Indonesien.png *Source*: http://de.wikipedia.org/w/index.php?title=Datei:Klimadiagramm-deutsch-Surubaya_(Java)-Indonesien.png *License*: unknown *Contributors*: Hedwig in Washington

Datei:Klimadiagramm-deutsch-Ujung Pandang-Indonesien.png *Source*: http://de.wikipedia.org/w/index.php?title=Datei:Klimadiagramm-deutsch-Ujung_Pandang-Indonesien.png *License*: unknown *Contributors*: Hedwig in Washington

Datei:INDONESIA geology map.jpg *Source*: http://de.wikipedia.org/w/index.php?title=Datei:INDONESIA_geology_map.jpg *License*: unknown *Contributors*: Original uploader was Herman darman at en.wikipedia

Datei:Bevölkerungsdichte Indonesiens.png *Source*: http://de.wikipedia.org/w/index.php?title=Datei:Bevölkerungsdichte_Indonesiens.png *License*: unknown *Contributors*: Marcel Krüger. Original uploader was Marcel Krüger at de.wikipedia

Datei:Indonesia Ethnic Groups Map English.svg *Source*: http://de.wikipedia.org/w/index.php?title=Datei:Indonesia_Ethnic_Groups_Map_English.svg *License*: unknown *Contributors*: User:Gunkarta

Datei:Map Indonesian religions.svg *Source*: http://de.wikipedia.org/w/index.php?title=Datei:Map_Indonesian_religions.svg *License*: unknown *Contributors*: tkx

Datei:Presiden Sukarno.jpg *Source*: http://de.wikipedia.org/w/index.php?title=Datei:Presiden_Sukarno.jpg *License*: unknown *Contributors*: Government of Indonesia

Datei:Suharto at funeral.jpg *Source*: http://de.wikipedia.org/w/index.php?title=Datei:Suharto_at_funeral.jpg *License*: unknown *Contributors*: *drew, Arsonal, Davidelit, Indon, Maksim, Man vyi

Datei:Susilo Bambang Yudhoyono.jpg *Source*: http://de.wikipedia.org/w/index.php?title=Datei:Susilo_Bambang_Yudhoyono.jpg *License*: unknown *Contributors*: Marcello Casal Jr/ABr

Datei:Farming-on-Indonesia.jpg *Source*: http://de.wikipedia.org/w/index.php?title=Datei:Farming-on-Indonesia.jpg *License*: unknown *Contributors*: GeorgHH, Indon, KTo288, Kersti Nebelsiek, Kilom691, Maksim, Steven Walling

Datei:Ölverbrauch_Südostasiens_ohne_Singapure.jpg *Source*: http://de.wikipedia.org/w/index.php?title=Datei:Ölverbrauch_Südostasiens_ohne_Singapure.jpg *License*: unknown *Contributors*: World24

Datei:Mtbromo.jpg *Source*: http://de.wikipedia.org/w/index.php?title=Datei:Mtbromo.jpg *License*: unknown *Contributors*: User:Ravn

Datei:Komodo-dragon-3.jpg *Source*: http://de.wikipedia.org/w/index.php?title=Datei:Komodo-dragon-3.jpg *License*: unknown *Contributors*: Gunkarta, Indon, Ravn, Telim tor, Werckmeister, 1 anonymous edits

Datei:African Buffalo.JPG *Source*: http://de.wikipedia.org/w/index.php?title=Datei:African_Buffalo.JPG *License*: unknown *Contributors*: Davidfraser, Homonihilis, NJR ZA, Nevit, PaulRae, 2 anonymous edits

Datei:Bison Bull in Nebraska.jpg *Source*: http://de.wikipedia.org/w/index.php?title=Datei:Bison_Bull_in_Nebraska.jpg *License*: unknown *Contributors*: Herbythyme, MONGO, NeverDoING, 4 anonymous edits

Datei:BUFFALO159.JPG *Source*: http://de.wikipedia.org/w/index.php?title=Datei:BUFFALO159.JPG *License*: unknown *Contributors*: User:Da

Datei:White-tailed deer.jpg *Source*: http://de.wikipedia.org/w/index.php?title=Datei:White-tailed_deer.jpg *License*: unknown *Contributors*: User:NuclearWarfare

Datei:Idisslarmage.png *Source*: http://de.wikipedia.org/w/index.php?title=Datei:Idisslarmage.png *License*: unknown *Contributors*: First upload: 20:32, 20 Oct. 2005 - sv:Wikipedia by User:Ettrig

Datei:Wiederkäuendes Schaf.jpg *Source*: http://de.wikipedia.org/w/index.php?title=Datei:Wiederkäuendes_Schaf.jpg *License*: unknown *Contributors*: User:Dellex

Datei:Bison near a hot spring in Yellowstone-750px.JPG *Source*: http://de.wikipedia.org/w/index.php?title=Datei:Bison_near_a_hot_spring_in_Yellowstone-750px.JPG *License*: unknown *Contributors*: ComputerHotline, Factumquintus, Huebi, Körnerbrötchen, Rmhermen, Saforrest, 3 anonymous edits

Datei:Lowland Anoa.JPG *Source*: http://de.wikipedia.org/w/index.php?title=Datei:Lowland_Anoa.JPG *License*: unknown *Contributors*: Attis1979, Fred J, Rooivalk

Datei:BinhQuoiWaterBuffalo Jun2005.jpg *Source*: http://de.wikipedia.org/w/index.php?title=Datei:BinhQuoiWaterBuffalo_Jun2005.jpg *License*: unknown *Contributors*: Binh Giang, Dragfyre, Kilom691, Nguyễn Thanh Quang, Quadell, Rdivilbiss, RedWolf, Rooivalk

Datei:Bubalus murrensis.JPG *Source*: http://de.wikipedia.org/w/index.php?title=Datei:Bubalus_murrensis.JPG *License*: unknown *Contributors*: User:Ghedoghedo

Datei:Lowland anoa.jpg *Source*: http://de.wikipedia.org/w/index.php?title=Datei:Lowland_anoa.jpg *License*: unknown *Contributors*: User:The Land

Datei:Rind_Anoa.jpg *Source*: http://de.wikipedia.org/w/index.php?title=Datei:Rind_Anoa.jpg *License*: unknown *Contributors*: Kapitän Nemo, SebastianBreier, Umherirrender

Datei:Sulawesi map id.png *Source*: http://de.wikipedia.org/w/index.php?title=Datei:Sulawesi_map_id.png *License*: unknown *Contributors*: User:Hämbörger, User:Roke

Datei:ID - Sulawesi.png *Source*: http://de.wikipedia.org/w/index.php?title=Datei:ID_-_Sulawesi.png *License*: unknown *Contributors*: User:Telim tor

Datei:Sulawesi Topography.png *Source*: http://de.wikipedia.org/w/index.php?title=Datei:Sulawesi_Topography.png *License*: unknown *Contributors*: User:Sadalmelik

Datei:Tokalalaea Megalith 2007.jpg *Source*: http://de.wikipedia.org/w/index.php?title=Datei:Tokalalaea_Megalith_2007.jpg *License*: unknown *Contributors*: Oliver van Straaten

Datei:Sulawesi_languages.jpg *Source*: http://de.wikipedia.org/w/index.php?title=Datei:Sulawesi_languages.jpg *License*: unknown *Contributors*: User:Tkx

Datei:Crested Black Macaque (Macaca nigra).jpg *Source*: http://de.wikipedia.org/w/index.php?title=Datei:Crested_Black_Macaque_(Macaca_nigra).jpg *License*: unknown *Contributors*: Lip Kee Yap

Datei:Marosatherina ladigesi.jpg *Source*: http://de.wikipedia.org/w/index.php?title=Datei:Marosatherina_ladigesi.jpg *License*: unknown *Contributors*: Original uploader was Shigella dysenteriae at en.wikipedia

Datei:Buton Topography.png *Source*: http://de.wikipedia.org/w/index.php?title=Datei:Buton_Topography.png *License*: unknown *Contributors*: User:Sadalmelik

Datei:Indonesia Sulawesi location map.svg *Source*: http://de.wikipedia.org/w/index.php?title=Datei:Indonesia_Sulawesi_location_map.svg *License*: unknown *Contributors*: NordNordWest

Datei:Darwin's finches.jpeg *Source*: http://de.wikipedia.org/w/index.php?title=Datei:Darwin's_finches.jpeg *License*: unknown *Contributors*: John Gould (14.Sep.1804 - 3.Feb.1881)

Datei:Galapagos Geochelone nigra porteri.jpg *Source*: http://de.wikipedia.org/w/index.php?title=Datei:Galapagos_Geochelone_nigra_porteri.jpg *License*: unknown *Contributors*: Original uploader was Pandanus at de.wikipedia

Datei:Urocyon littoralis full figure.jpg *Source*: http://de.wikipedia.org/w/index.php?title=Datei:Urocyon_littoralis_full_figure.jpg *License*: unknown *Contributors*: National Park Service, US Department of Interior.

Datei:Ploughing (1878) - TIMEA.jpg *Source*: http://de.wikipedia.org/w/index.php?title=Datei:Ploughing_(1878)_-_TIMEA.jpg *License*: unknown *Contributors*: Weidenbach

Image:African_Buffalo.jpg *Source*: http://de.wikipedia.org/w/index.php?title=Datei:African_Buffalo.jpg *License*: unknown *Contributors*: Stefan Ehrbar

Image:Withers.jpg *Source*: http://de.wikipedia.org/w/index.php?title=Datei:Withers.jpg *License*: unknown *Contributors*: Kersti Nebelsiek, Malcolm Morley, Mogelzahn, Sanao, Wst

Datei:LA2-Blitz-0308.jpg *Source*: http://de.wikipedia.org/w/index.php?title=Datei:LA2-Blitz-0308.jpg *License*: unknown *Contributors*: Kramer Associates, Kuerschner, Kürschner, Mickey-B, 3 anonymous edits

Datei:TigerSkinning.jpg *Source*: http://de.wikipedia.org/w/index.php?title=Datei:TigerSkinning.jpg *License*: unknown *Contributors*: British Museum of Natural History

Datei:Burg Meersburg April 2010 1010841.jpg *Source*: http://de.wikipedia.org/w/index.php?title=Datei:Burg_Meersburg_April_2010_1010841.jpg *License*: unknown *Contributors*: User:Flominator

File:Wet Fur - CGI.jpg *Source*: http://de.wikipedia.org/w/index.php?title=Datei:Wet_Fur_-_CGI.jpg *License*: unknown *Contributors*: User:Maximilian Schönherr

Datei:HighlandCow.01.jpg *Source*: http://de.wikipedia.org/w/index.php?title=Datei:HighlandCow.01.jpg *License*: unknown *Contributors*: Editor at Large, Kersti Nebelsiek, Rmhermen, WeFt, Yuval Y, 2 anonymous edits

Datei:Elasmotherium sibiricum.jpg *Source*: http://de.wikipedia.org/w/index.php?title=Datei:Elasmotherium_sibiricum.jpg *License*: unknown *Contributors*: Kauczuk, Preto(m)

Datei:Steinbock Schaedel.jpg *Source*: http://de.wikipedia.org/w/index.php?title=Datei:Steinbock_Schaedel.jpg *License*: unknown *Contributors*: User:Stefan Kühn

Datei:Gevir rådyr.JPG *Source*: http://de.wikipedia.org/w/index.php?title=Datei:Gevir_rådyr.JPG *License*: unknown *Contributors*: User:Eaglestein

Datei:HannuNiemi Sarvikuonokas2.jpg *Source*: http://de.wikipedia.org/w/index.php?title=Datei:HannuNiemi_Sarvikuonokas2.jpg *License*: unknown *Contributors*: Richardfabi

U Free Documentation License Version 1.2, vember 2002 Copyright (C) 2000,2001,2002 e Software Foundation, Inc. 59 Temple ce, Suite 330, Boston, MA 02111-1307 USA eryone is permitted to copy and distribute batim copies of this license document, but anging it is not allowed.

REAMBLE

purpose of this License is to make a manual, textbook, or r functional and useful document "free" in the sense of dom: to assure everyone the effective freedom to copy and stribute it, with or without modifying it, either commercially or commercially. Secondarily, this License preserves for the or and publisher a way to get credit for their work, while not g considered responsible for modifications made by others. License is a kind of "copyleft", which means that derivative ks of the document must themselves be free in the same se. It complements the GNU General Public License, which is pyleft license designed for free software. We have designed License in order to use it for manuals for free software, ause free software needs free documentation: a free program uld come with manuals providing the same freedoms that the ware does. But this License is not limited to software manuals; n be used for any textual work, regardless of subject matter whether it is published as a printed book. We recommend this nse principally for works whose purpose is instruction or rence.

PPLICABILITY AND DEFINITIONS

s License applies to any manual or other work, in any dium, that contains a notice placed by the copyright holder ng it can be distributed under the terms of this License. Such otice grants a world-wide, royalty-free license, unlimited in ation, to use that work under the conditions stated herein. The cument", below, refers to any such manual or work. Any nber of the public is a licensee, and is addressed as "you". accept the license if you copy, modify or distribute the work a way requiring permission under copyright law. A "Modified sion" of the Document means any work containing the cument or a portion of it, either copied verbatim, or with difications and/or translated into another language. A condary Section" is a named appendix or a front-matter tion of the Document that deals exclusively with the ationship of the publishers or authors of the Document to the cument's overall subject (or to related matters) and contains ning that could fall directly within that overall subject. (Thus, if Document is in part a textbook of mathematics, a Secondary tion may not explain any mathematics.) The relationship could a matter of historical connection with the subject or with ated matters, or of legal, commercial, philosophical, ethical or itical position regarding them. The "Invariant Sections" are tain Secondary Sections whose titles are designated, as being se of Invariant Sections, in the notice that says that the cument is released under this License. If a section does not fit above definition of Secondary then it is not allowed to be signated as Invariant. The Document may contain zero ariant Sections. If the Document does not identify any Invariant tions then there are none. The "Cover Texts" are certain short ssages of text that are listed, as Front-Cover Texts or Back-ver Texts, in the notice that says that the Document is eased under this License. A Front-Cover Text may be at most words, and a Back-Cover Text may be at most 25 words. A ansparent" copy of the Document means a machine-readable y, represented in a format whose specification is available to general public, that is suitable for revising the document aightforwardly with generic text editors or (for images nposed of pixels) generic paint programs or (for drawings) ne widely available drawing editor, and that is suitable for input text formatters or for automatic translation to a variety of nats suitable for input to text formatters. A copy made in an erwise Transparent file format whose markup, or absence of rkup, has been arranged to thwart or discourage subsequent dification by readers is not Transparent. An image format is Transparent if used for any substantial amount of text. A copy t is not "Transparent" is called "Opaque". Examples of suitable mats for Transparent copies include plain ASCII without rkup, Texinfo input format, LaTeX input format, SGML or XML ng a publicly available DTD, and standard-conforming simple ML, PostScript or PDF designed for human modification. amples of transparent image formats include PNG, XCF and G. Opaque formats include proprietary formats that can be ad and edited only by proprietary word processors, SGML or ML for which the DTD and/or processing tools are not generally ailable, and the machine-generated HTML, PostScript or PDF duced by some word processors for output purposes only. The tle Page" means, for a printed book, the title page itself, plus ch following pages as are needed to hold, legibly, the material s License requires to appear in the title page. For works in mats which do not have any title page as such, "Title Page" ans the text near the most prominent appearance of the work's e, preceding the beginning of the body of the text. A section ntitled XYZ" means a named subunit of the Document whose e either is precisely XYZ or contains XYZ in parentheses lowing text that translates XYZ in another language. (Here XYZ nds for a specific section name mentioned below, such as cknowledgements", "Dedications", "Endorsements", or istory".) To "Preserve the Title" of such a section when you odify the Document means that it remains a section "Entitled Z" according to this definition. The Document may include arranty Disclaimers next to the notice which states that this ense applies to the Document. These Warranty Disclaimers e considered to be included by reference in this License, but ly as regards disclaiming warranties: any other implication that ese Warranty Disclaimers may have is void and has no effect the meaning of this License.

VERBATIM COPYING

ou may copy and distribute the Document in any medium, her commercially or noncommercially, provided that this ense, the copyright notices, and the license notice saying this License applies to the Document are reproduced in all copies, and that you add no other conditions whatsoever to those of this License. You may not use technical measures to obstruct or control the reading or further copying of the copies you make or distribute. However, you may accept compensation in exchange for copies. If you distribute a large enough number of copies you must also follow the conditions in section 3. You may also lend copies, under the same conditions stated above, and you may publicly display copies.

3. COPYING IN QUANTITY

If you publish printed copies (or copies in media that commonly have printed covers) of the Document, numbering more than 100, and the Document's license notice requires Cover Texts, you must enclose the copies in covers that carry, clearly and legibly, all these Cover Texts: Front-Cover Texts on the front cover, and Back-Cover Texts on the back cover. Both covers must also clearly and legibly identify you as the publisher of these copies. The front cover must present the full title with all words of the title equally prominent and visible. You may add other material on the covers in addition. Copying with changes limited to the covers, as long as they preserve the title of the Document and satisfy these conditions, can be treated as verbatim copying in other respects. If the required texts for either cover are too voluminous to fit legibly, you should put the first ones listed (as many as fit reasonably) on the actual cover, and continue the rest onto adjacent pages. If you publish or distribute Opaque copies of the Document numbering more than 100, you must either include a machine-readable Transparent copy along with each Opaque copy, or state in or with each Opaque copy a computer-network location from which the general network-using public has access to download using public-standard network protocols a complete Transparent copy of the Document, free of added material. If you use the latter option, you must take reasonably prudent steps, when you begin distribution of Opaque copies in quantity, to ensure that this Transparent copy will remain thus accessible at the stated location until at least one year after the last time you distribute an Opaque copy (directly or through your agents or retailers) of that edition to the public. It is requested, but not required, that you contact the authors of the Document well before redistributing any large number of copies, to give them a chance to provide you with an updated version of the Document.

4. MODIFICATIONS

You may copy and distribute a Modified Version of the Document under the conditions of sections 2 and 3 above, provided that you release the Modified Version under precisely this License, with the Modified Version filling the role of the Document, thus licensing distribution and modification of the Modified Version to whoever possesses a copy of it. In addition, you must do these things in the Modified Version: A. Use in the Title Page (and on the covers, if any) a title distinct from that of the Document, and from those of previous versions (which should, if there were any, be listed in the History section of the Document). You may use the same title as a previous version if the original publisher of that version gives permission. B. List on the Title Page, as authors, one or more persons or entities responsible for authorship of the modifications in the Modified Version, together with at least five of the principal authors of the Document (all of its principal authors, if it has fewer than five), unless they release you from this requirement. C. State on the Title page the name of the publisher of the Modified Version, as the publisher. D. Preserve all the copyright notices of the Document. E. Add an appropriate copyright notice for your modifications adjacent to the other copyright notices. F. Include, immediately after the copyright notices, a license notice giving the public permission to use the Modified Version under the terms of this License, in the form shown in the Addendum below. G. Preserve in that license notice the full lists of Invariant Sections and required Cover Texts given in the Document's license notice. H. Include an unaltered copy of this License. I. Preserve the section Entitled "History", Preserve its Title, and add to it an item stating at least the title, year, new authors, and publisher of the Modified Version as given on the Title Page. If there is no section Entitled "History" in the Document, create one stating the title, year, authors, and publisher of the Document as given on its Title Page, then add an item describing the Modified Version as stated in the previous sentence. J. Preserve the network location, if any, given in the Document for public access to a Transparent copy of the Document, and likewise the network locations given in the Document for previous versions it was based on. These may be placed in the "History" section. You may omit a network location for a work that was published at least four years before the Document itself, or if the original publisher of the version it refers to gives permission. K. For any section Entitled "Acknowledgements" or "Dedications", Preserve the Title of the section, and preserve in the section all the substance and tone of each of the contributor acknowledgements and/or dedications given therein. L. Preserve all the Invariant Sections of the Document, unaltered in their text and in their titles. Section numbers or the equivalent are not considered part of the section titles. M. Delete any section Entitled "Endorsements". Such a section may not be included in the Modified Version. N. Do not retitle any existing section to be Entitled "Endorsements" or to conflict in title with any Invariant Section. O. Preserve any Warranty Disclaimers. If the Modified Version includes new front-matter sections or appendices that qualify as Secondary Sections and contain no material copied from the Document, you may at your option designate some or all of these sections as invariant. To do this, add their titles to the list of Invariant Sections in the Modified Version's license notice. These titles must be distinct from any other section titles. You may add a section Entitled "Endorsements", provided it contains nothing but endorsements of your Modified Version by various parties--for example, statements of peer review or that the text has been approved by an organization as the authoritative definition of a standard. You may add a passage of up to five words as a Front-Cover Text, and a passage of up to 25 words as a Back-Cover Text, to the end of the list of Cover Texts in the Modified Version. Only one passage of Front-Cover Text and one of Back-Cover Text may be added by (or through arrangements made by) any one entity. If the Document already includes a cover text for the same cover, previously added by you or by arrangement made by the same entity you are acting on behalf of, you may not add another; but you may replace the old one, on explicit permission from the previous publisher that added the old one. The author(s) and publisher(s) of the Document do not by this License give permission to use their names for publicity for or to assert or imply endorsement of any Modified Version.

5. COMBINING DOCUMENTS

You may combine the Document with other documents released under this License, under the terms defined in section 4 above for modified versions, provided that you include in the combination all of the Invariant Sections of all of the original documents, unmodified, and list them all as Invariant Sections of your combined work in its license notice, and that you preserve all their Warranty Disclaimers. The combined work need only contain one copy of this License, and multiple identical Invariant Sections may be replaced with a single copy. If there are multiple Invariant Sections with the same name but different contents, make the title of each such section unique by adding at the end of it, in parentheses, the name of the original author or publisher of that section if known, or else a unique number. Make the same adjustment to the section titles in the list of Invariant Sections in the license notice of the combined work. In the combination, you must combine any sections Entitled "History" in the various original documents, forming one section Entitled "History"; likewise combine any sections Entitled "Acknowledgements", and any sections Entitled "Dedications". You must delete all sections Entitled "Endorsements".

6. COLLECTIONS OF DOCUMENTS

You may make a collection consisting of the Document and other documents released under this License, and replace the individual copies of this License in the various documents with a single copy that is included in the collection, provided that you follow the rules of this License for verbatim copying of each of the documents in all other respects. You may extract a single document from such a collection, and distribute it individually under this License, provided you insert a copy of this License into the extracted document, and follow this License in all other respects regarding verbatim copying of that document.

7. AGGREGATION WITH INDEPENDENT WORKS

A compilation of the Document or its derivatives with other separate and independent documents or works, in or on a volume of a storage or distribution medium, is called an "aggregate" if the copyright resulting from the compilation is not used to limit the legal rights of the compilation's users beyond what the individual works permit. When the Document is included in an aggregate, this License does not apply to the other works in the aggregate which are not themselves derivative works of the Document. If the Cover Text requirement of section 3 is applicable to these copies of the Document, then if the Document is less than one half of the entire aggregate, the Document's Cover Texts may be placed on covers that bracket the Document within the aggregate, or the electronic equivalent of covers if the Document is in electronic form. Otherwise they must appear on printed covers that bracket the whole aggregate.

8. TRANSLATION

Translation is considered a kind of modification, so you may distribute translations of the Document under the terms of section 4. Replacing Invariant Sections with translations requires special permission from their copyright holders, but you may include translations of some or all Invariant Sections in addition to the original versions of these Invariant Sections. You may include a translation of this License, and all the license notices in the Document, and any Warranty Disclaimers, provided that you also include the original English version of this License and the original versions of those notices and disclaimers. In case of a disagreement between the translation and the original version of this License or a notice or disclaimer, the original version will prevail. If a section in the Document is Entitled "Acknowledgements", "Dedications", or "History", the requirement (section 4) to Preserve its Title (section 1) will typically require changing the actual title.

9. TERMINATION

You may not copy, modify, sublicense, or distribute the Document except as expressly provided for under this License. Any other attempt to copy, modify, sublicense or distribute the Document is void, and will automatically terminate your rights under this License. However, parties who have received copies, or rights, from you under this License will not have their licenses terminated so long as such parties remain in full compliance.

10. FUTURE REVISIONS OF THIS LICENSE

The Free Software Foundation may publish new, revised versions of the GNU Free Documentation License from time to time. Such new versions will be similar in spirit to the present version, but may differ in detail to address new problems or concerns. See http://www.gnu.org/copyleft/. Each version of the License is given a distinguishing version number. If the Document specifies that a particular numbered version of this License "or any later version" applies to it, you have the option of following the terms and conditions either of that specified version or of any later version that has been published (not as a draft) by the Free Software Foundation. If the Document does not specify a version number of this License, you may choose any version ever published (not as a draft) by the Free Software Foundation. ADDENDUM: How to use this License for your documents To use this License in a document you have written, include a copy of the License in the document and put the following copyright and license notices just after the title page: Copyright (c) YEAR YOUR NAME. Permission is granted to copy, distribute and/or modify this document under the terms of the GNU Free Documentation License, Version 1.2 or any later version published by the Free Software Foundation; with no Invariant Sections, no Front-Cover Texts, and no Back-Cover Texts. A copy of the license is included in the section entitled "GNU Free Documentation License". If you have Invariant Sections, Front-Cover Texts and Back-Cover Texts, replace the "with...Texts." line with this: with the Invariant Sections being LIST THEIR TITLES, with the Front-Cover Texts being LIST, and with the Back-Cover Texts being LIST. If you have Invariant Sections without Cover Texts, or some other combination of the three, merge those two alternatives to suit the situation. If your document contains nontrivial examples of program code, we recommend releasing these examples in parallel under your choice of free software license, such as the GNU General Public License, to permit their use in free software.

Printed by Books on Demand GmbH, Norderstedt / Germany